地震地质综合解释实习指导书

李兰斌　王晓坤　刘羽欣　主编

图书在版编目(CIP)数据

地震地质综合解释实习指导书/李兰斌,王晓坤,刘羽欣主编.—武汉:中国地质大学出版社,2014.12

ISBN 978-7-5625-3419-8

Ⅰ.①地…

Ⅱ.①李…②王…③刘…

Ⅲ.①地震地质学-地质解释-教学参考资料

Ⅳ.①P315.2

中国版本图书馆 CIP 数据核字(2014)第 127178 号

地震地质综合解释实习指导书	李兰斌　王晓坤　刘羽欣　**主编**
责任编辑:王凤林	责任校对:张咏梅
出版发行:中国地质大学出版社(武汉市洪山区鲁磨路 388 号)	邮编:430074
电　话:(027)67883511　　传　真:(027)67883580	E-mail:cbb @ cug.edu.cn
经　销:全国新华书店	Http://www.cugp.cug.edu.cn
开本:787 毫米×1 092 毫米　1/16	字数:210 千字　印张:8.5
版次:2014 年 12 月第 1 版	印次:2014 年 12 月第 1 次印刷
印刷:武汉珞南印务有限责任公司	印数:1—1 000 册
ISBN 978-7-5625-3419-8	定价:24.00 元

如有印装质量问题请与印刷厂联系调换

中国地质大学(武汉)实验教学系列教材

编委会名单

前　言

“地震地质综合解释”是一门实践性很强的专业主干必修课程，为了加强学生对课程内容的理解，提高学生的实践能力，结合新一轮教学计划，安排了24学时的室内实践教学，主要内容包括运用工作站进行地震资料的构造解释、层序地层分析及沉积学解释，以及地震资料的储层预测研究等。

本实习指导书是针对当前地震资料在油气勘探与开发中的具体需求和应用，结合多年教学及科研实践中不断总结的经验编写而成。目的是加强学生对基本概念、基本原理和技术方法的理解和巩固，提高学生的实际应用技能。本教材将根据地震地质综合解释的思路，从实际地质任务需要出发，介绍软件的调用方法。力图使学习者从工作站指南书海洋中脱离出来，学会人机交互工作站地震地质解释思维方法，并掌握其技术关键。

本实习指导书内容包括地震资料的构造解释、层序地层沉积学解释及地震资料储层预测等。通过实习，要求达到以下教学目的：

(1)二维、三维地震工区建立，地震剖面的断层及褶皱识别，地震地质层位标定，综合构造解释，地震深度剖面及构造图制作。

(2)叠后三维地震资料波阻抗反演。

(3)地震单属性的提取，属性分析技术的基本应用。

(4)地震储层综合预测基本方法。

本实习指导书是根据新一轮教学大纲和教书计划编写而成。由于编者水平所限，加上时间仓促，在实习内容安排和阐述上难免有疏漏和不妥之处，恳请广大读者对书中的不当之处批评指正。

编　者

2014年5月

前　言

目　录

目 录

实习一　地震资料的构造解释

一、实习目的和意义

地震资料构造解释的核心：利用地震勘探提供的地震波反射时间、反射图像及传播速度，综合其他物探、钻井及地质等资料，运用地震波运动学及动力学原理，结合盆地构造地质学基本规律，解决盆地内有关构造地质方面的问题。

地震资料构造解释的具体任务：确定构造-地层属性、接触关系、不整合面性质，并划分构造层；确定盆地类型、盆地内构造基本特征、构造样式、空间位置与形态，以及火成岩体、盐（泥）岩体、礁体等地质体；确定并分析盆地内断裂的活动历史、断层性质，识别断层产状，进行断层平面组合；分析盆地的演化历史，地层展布格架及其与构造的配置关系；绘编各种比例的区域和局部构造图件；进行含油气综合评价，为勘探部署提供决策依据。

实习的目的及意义：加深地震资料的构造解释方法的理解，了解构造解释的基本任务，熟悉构造解释实际工作流程，学会基本成果图件的制作及综合分析应用。

二、地震资料构造解释技术流程

地震构造解释的过程一般可分为资料准备、剖面解释、空间解释和综合解释 4 个主要阶段。

资料准备：包括地震基础图件及数据，地质背景资料及前人研究成果等。

剖面解释：在时间剖面上确定断层、构造、不整合面和地质异常体等地质现象。

空间解释：开展断层平面组合、构造等值线勾绘，地震构造图和地层等厚度图制作等，把各条剖面上所确定的地质现象在平面上统一起来，得到全面反映地下构造真实形态的最终成果。

综合解释：在剖面解释和空间解释的基础上，结合地质及其他地球物理资料，进行综合分析对比，对含油气盆地的性质、沉积特征、构造展布规律、油气富集规律作出综合评价和有利区块的预测。

下面主要参照 SY/T 5481—2009 行业标准，介绍详细的技术流程。

（一）基础工作

地震构造解释基础工作包括基础资料的收集、检查及整理，地震反射地质层位的标定及标准层的确定，速度资料收集整理及应用，以及地震反射资料的品质评价。

1. 基础资料收集

收集各项正式成果。中间成果仅作参考，应用时加以注明。用于地震构造解释所需资料包括：

(1)地质、重力、磁力、电法、化探、放射性等资料。

(2)地形图、地质图、地貌图。

(3)钻井、测井、试油、试采、分析化验等资料。

(4)必要时应收集表层及静校正资料、地表高程、水深、浮动基准面高程。

(5)地震测线位置图、测量成果、交点桩号、井位坐标及井轨迹资料等。

(6)地震资料处理形成的速度数据、地震测井、VSP 资料及其他各种速度资料。

(7)用于解释的地震数据及剖面、特殊处理剖面、处理流程及参数等。

(8)卫星照片资料及遥感资料。

(9)前人研究成果、报告、图件等。

使用解释系统解释二维地震资料，还应收集二维地震纯波数据、成果数据及剖面上 CMP 号与测线桩号的对应关系。

使用三维地震资料解释时，除收集上述各项资料外，还需收集：

(1)三维偏移的纯波及成果数据。

(2)三维工区测线坐标数据、带有方里网(或坐标)的 CMP 面元分布图。

(3)CMP 面元覆盖次数图。

(4)按项目需要收集处理后提供的表层静校正数据平面图及高程、低降速带等资料。

2. 基础资料检查

(1)根据处理报告、道头字等资料检查地震资料的极性。

(2)二维地震测线位置图的内容和精度的检查。精度要求：

1)采用胶片或塑料薄膜作底图。

2)测线位置图上应正确标注方里网、测线名称、测线起止点桩号、井号及主要地名、地物。

3)方里网、测线起止点与拐点、井位等在平面图上的位置误差不大于 0.5mm。

4)测线交点在图面上的位置误差不大于 0.5mm。

5)测线位置图上应有整桩号，以 10mm 或 20mm 分格，在图面上位置误差不大于 0.5mm。

6)测线分格后的累计长度应与测线总长度一致，在图面上表示的位置累计误差不大于 1mm。

(3)时间剖面初步整理。内容包括：

1)二维时间剖面上应注明交点位置及相交测线号、桩号(或 CMP)位置，误差不大于半个 CMP 距离。

2)在时间剖面上，应标注有关井的位置、钻井地质分层、完钻井深及投影距离。井投影距离位置误差不大于半个 CMP 距离。

3)对于山地地震资料，在时间剖面上，应标注测线穿过地层出露区的地质界线、地层产状及断层位置。

(4)利用解释工作站进行解释时的资料整理。

1)加载前检查用于解释工作站加载的测量成果、地震数据、钻井、测井资料等，具体内容包括如下几点。

二维解释工区的地震数据整理检查:①二维工区的坐标范围;②每条测线的起点、拐点、终点坐标;③必要时整理检查每条测线的地表高程、浮动基准面高程及静校正量;④地震测线总条数、每条测线的线名、总道数、道间距、道增量、起点和终点的道号以及不少于两个点的炮道对应关系;⑤每条测线的数据类型、记录格式、采样间隔、第一个采样点的时间、记录长度、要加载的时间范围;⑥地震数据的盘号、测线条数、测线名及排列顺序、总盘数;⑦应特别注意每条测线的处理时间、处理单位、处理员及出站时间是否与所使用的纸剖面一致。

三维解释工区的地震数据整理检查:①三维工区边界拐点的坐标;②地表高程、浮动基准面高程和基准面静校正量资料;③测线的最大、最小线号、条数、线号增量,及每条纵测线方向上最大、最小 CMP 号、道号增量、线间距、道间距,线道显示方向;④地震数据的类型、记录格式、采样间隔、第一个采样点的时间、记录长度和要加载的时间范围;⑤每盘数据的盘号、记录密度、起止线号或总 CMP 号及总盘数。

钻井资料的整理检查:①井号、井类型、井位坐标、补芯高度及补芯海拔高度;②井轨迹资料;③钻井分层数据;④每口井的时深转换关系数据。

测井资料的整理检查。①数据来源:测井公司、测井时间、测井数据的类型(原始带、处理成果带、测井曲线数字化的数据);②原始数据记录的内容、井号、井深范围、记录格式、曲线名称、深度与幅度单位、深度采样间隔。

2)加载后资料的分析检查。包括屏幕上地震测线位置底图的检查及屏幕上剖面的检查。

屏幕上地震测线位置底图的检查。①二维工区:将输入的炮道关系等原始数据与原始资料提供的数据进行核对,对比屏幕底图与纸测线位置图有无差别;检查井位与测线的位置关系是否正确;②三维工区:首先检查屏幕底图与纸测线位置图有无差别、井位与测线的位置关系是否正确。工区建立后计算的线、道号与实际工区是否完全一致。

屏幕上剖面的检查。①二维地震资料:起止炮道号、道数、剖面长度、反射特征、反射时间、不正常道的位置、测线交点等应与纸剖面一致;②三维地震资料:要求加载的垂直剖面、时间切片与纸剖面及时间切片的特征一致;③井资料:井号要正确无误,时深转换后的测井曲线数据要齐全,曲线名要正确,井曲线与井分层、井轨迹、地震分层、地震反射特征要有正确的对应关系。

3. 地震反射地质层位的标定与地震反射层位命名

据地震剖面的反射特征,选择特征明显的反射同相轴,结合地质解释赋予其明确的地质意义。地震反射地质层位的标定参考 SY/T 5938 规定执行。地震反射层层位名称参考 SY/T 5933 的规定执行或根据合同要求执行。

4. 地震速度的分析与应用

(1)利用声波测井、VSP 资料、地震测井、速度谱及岩芯测试等资料,提取各地质层位不同岩性段的层速度。

(2)研究层速度、平均速度在横向的变化规律,以满足各种解释工作的需要。

(3)应用各种速度信息,分析、综合、提取适合于时间构造图空间校正的均方根速度和时深转换的平均速度。

(4)从地质规律上分析速度场的变化趋势是否可靠、合理,结合井资料对速度场进行分析、检查。

5. 地震反射资料品质评价

根据作图需要，分层进行评价，评价分为三级。

(1)一级：信噪比高，地质现象清楚，能够进行可靠对比追踪。

(2)二级：信噪比较高，主要地质现象可识别对比。

(3)三级：信噪比低，主要地质现象不清，难以追踪对比。

(二)二维地震资料的构造解释

1. 选取基干剖面进行标准层的确定、解释

在研究区内选取一定数量的测线作为基干剖面进行解释，基干剖面要过关键井、过主要构造并形成网络。

2. 地震波的对比解释

运用地震波传播规律，对地震剖面进行去粗取精、去伪存真，由表及里的分析，把不同剖面间真正属于地下同一地层的反射波识别出来。根据反射波在地震剖面上的特征，结合各种典型构造样式类比与分析，解释剖面上同相轴所反映的各种构造地质现象，以及其相关的地震响应与成因机理等。对比方法及完成任务如下：

(1)使用水平叠加剖面和偏移剖面相互参照，联合对比解释。

(2)在反射波对比追踪的同时，识别绕射波、断面波、侧面波、回转波、多次波及其他各种性质的地震波。

(3)识别不整合、超覆、尖灭及异常体。

(4)运用波的动力学及运动学的各种特征，以目的层为重点，浅、中、深层全面解释对比，同时注意层间构造。

(5)用偏移剖面解释时，以水平叠加剖面交点闭合为基础，使地震反射层的相位达到一致。

(6)水平叠加剖面上的交点应作好层位闭合标记，波组对比及波形对比闭合差应不大于1/2 相位。

(7)冲断带的剖面解释，应采用常规解释与构造建模相结合，解释方案应平衡、合理。

3. 断层解释

(1)联合对比解释水平叠加剖面和偏移剖面，根据反射层的断层识别标志确定断层性质。

(2)在地震剖面上确定断层上、下两盘的断点位置，给予明确的标记。

(3)平面上断层组合时，要分析不同方向的剖面特征，断层平面和空间组合合理，符合地质规律。

(4)断层在平面上的分布及控制分三级，即：一级断层为控制盆地、坳陷或凹陷边界的断层；二级断层为控制二级构造带发育和形成的断层；三级断层为控制局部断块、圈闭、高点的断层以及零星分布的断层。

4. 时间构造图的编制

基本步骤：绘制测线平面位置图，取数据，断裂系统的平面组合，勾绘等值线。

基本要求如下。

(1)时间构造图的比例尺应根据测网密度(或勘探程度)和地质任务来确定。

(2)用偏移剖面成图时,主测线和联络测线均要读数、上数,以主测线数据为主,参考联络测线数据勾绘时间构造图。

(3)时间读数标注要求为:

1)测线交点、断点、超覆点、剥蚀点、尖灭点、产状突变点及整桩号分格处均应标注读数;在构造关键部位,应适当加密读数。

2)时间读数应标注在测线分格线右侧,且读数垂直于测线,读数误差不大于 5ms,不可靠反射层及换算层数据应加括号。

(4)断点符号和断点的平面组合要求为:

1)断点标记应垂直测线,不可靠断点应注明,不同级别的断层应用粗细不同的断层线表示,不可靠断层应用虚线表示。

2)时间构造图上的断点位置与时间剖面上的断点位置误差不大于 1mm;上、下盘应标明掉向。

3)断层在平面上组合时,要分析不同方向的剖面特征,断层平面和空间组合合理,符合地质规律。

4)大比例尺成图时,断层应用双线表示。断层上升盘为细实线,正断层下降盘为粗实线,逆断层下降盘为粗虚线。正断层掉向在粗实线上标注,逆断层掉向在粗虚线上标注,断面倾向在细实线上标注。

(5)等值线的勾绘要求为:

1)等值线线距应视作图比例尺、勘探目标及地层倾角大小而定,一般应大于测线交点平均闭合差的 3 倍,同一张图不允许用两种等值线线距,但在特殊部位可加密等值线,并以点划线表示。

2)等值线的勾绘既要充分依据实际资料,又要符合地质规律,一般情况下,等值线偏离数据的位置应小于线距的 1/3。

3)不可靠等值线用虚线表示。

4)在逆断层上、下盘之间,下降盘逆掩部分等值线用虚线表示,上升盘等值线仍用实线表示。小比例尺成图时,断层可采用单线表示。

5)断层上、下盘的等值线应与断层掉向及落差符合。

(6)各种地质现象,如超覆、削蚀、尖灭等符号应标注正确,平面图与剖面图位置误差不大于 1mm。

(7)对解释工作站作出的时间构造图应进行适当的修饰,但对等值线的修改幅度应小于等值线间距的 1/3。

(8)时间构造图等值线要匀称、圆滑,构造轴线走向应符合区域构造走向规律。

(9)时间构造图的图式执行 SY/T 5331 的规定。

5. 构造图(或深度图)的编制

构造图采用空间校正法,由等 T0 图时深转换获取。基本要求如下:

(1)构造图(或深度图)的比例尺与时间构造图比例尺一致。

(2)根据所使用的地震资料类型(水平叠加或偏移)、速度变化规律选取适当的空间校正方法。

(3)对空间校正点的要求为：

1)空间校正点的密度应根据构造形态决定，在高点、凹点、断点及时间等值线密度大的地方，校正点应适当加密。

2)空间校正点的偏移矢量垂直主测线，应指向上倾方向；对使用偏移剖面所作的时间构造图空校时，偏移矢量应垂直于主测线并指向上倾方向。

3)偏移矢量长度与偏移数据位置之差不大于 1mm。

(4)等高线(或等深线)线距视作图比例尺及地层倾角大小而定。

(5)等高线(或等深线)、断层及各种地质现象的勾绘要求和表示方法与时间构造图相同。

(6)断层性质不发生变化时，同一条断层在各层构造图(或深度图)上位置叠合不得相交。

(7)构造图(或深度图)、时间构造图应与时间剖面的解释相符。

(8)在有条件的地区，可使用叠前深度偏移剖面对构造图(或深度图)进行修正。

(9)在有倾角测井资料的地区，可参考倾角测井资料修正构造图。

(10)构造图(或深度图)与钻井深度误差的要求按 SY/T 5934 的规定执行。

(11)构造图的图式执行 SY/T 5331 规定。

6. 地震资料解释中的地质分析内容

(1)构造特征分析：包括盆地(坳陷)的性质、区域构造特征、二级构造带特征、局部圈闭特征。

(2)断层特征分析：包括断层的性质、级别、空间组合，以及断层对沉积和构造的控制作用。

(3)地层特征分析：包括地层的赋存与厚度、接触关系、岩性、岩相特征，解释特殊地震反射结构(信息)的地质属性。

(4)使用各种地震及钻、测井信息，预测圈闭部位的储层、盖层、顶板层、底板层及其空间配置关系。

(5)分析圈闭形成条件、圈闭类型及其分布规律。

(三)三维地震资料的构造解释

1. 三维地震资料构造解释流程

建立并解释工区骨干剖面，在骨干剖面解释的基础上，精细对比解释纵横剖面及切片的断裂、构造等地质现象，有条件时利用三维可视化解释功能对断层、层位体进行解释，并反复开展解释的检查和信息反馈，完成全区的统一解释。具体要求如下。

(1)建立骨干剖面的要求：

1)通过三维数据体浏览、层位标定，选择连井剖面及控制性典型剖面，建立骨干剖面网络，进行初步解释。

2)通过骨干剖面结合部分时间切片，了解各目的层和各岩性段的反射特征、资料品质，了解主断层落差变化、分布及延伸方向。

3)了解各目的层的构造形态、高点位置、断块特征、构造复杂程度、构造带的初步特征及控制因素。

4)制作目的层的构造纲要图和断裂系统图。

(2)纵、横剖面的解释要求：

1)在层位追踪时,应注意同一作图层位相位(或极性)一致,层位追踪要考虑地层厚度变化、波组特征变化、上下反射层接触关系。

2)主要岩性段对比中,应掌握各岩性段反射特征在横向上的变化,必要时参照属性剖面进行解释。

3)在主要构造部位,纵剖面使用率不少于1/4,而横剖面的使用率不少于1/8。

4)不应漏掉落差大于半个相位的断层。

(3)切片的解释要求:

1)识别断层、背斜、断块高点及岩性变化等各种地质现象在时间切片上的显示特征。

2)用时间切片对层位及断层解释的合理性进行检查时,应与纵、横向垂直剖面上所追踪的相位(波峰或波谷)严格一致。

(4)解释的检查和信息反馈的内容包括:

1)充分使用任意方向线,检查圈闭、断层的落实程度。

2)对高点位置、范围、面积、幅度进行检查。

3)对所有探井的层位对比、解释精度(钻探深度,井中钻遇断层位置、落差、断层倾角等)进行检查。

4)对主断裂、次一级断裂、小断层(包括断裂位置、断裂组合、断层落差、延伸长度等)进行检查,在不同方向的剖面上,同一断层面应闭合。

5)根据地质任务的要求,可提出对地震资料作重新处理的建议。

2. 时间构造图的编制

时间构造图的编制要求为:

(1)不应漏掉幅度大于10ms、面积大于0.2km^2 的构造圈闭。

(2)断层在平面上的组合应与时间切片上显示的组合特征一致。

(3)不应漏掉延伸长度大于10个地震道的断层。

(4)逆断层下降盘逆掩部分等值线用虚线表示或上、下盘分别编图,上升盘等值线仍用实线表示。

(5)对解释工作站作出的时间构造图应进行适当的修饰,但对等值线的修改幅度应小于等值线间距的1/3。

3. 构造图(或深度图)的编制

工区平均速度变化较小时,构造图(或深度图)可以采用常速时深转换获取。工区平均速度横向变化较大时,应获取工区空变速度场资料,对时间构造图进行时深转换变速成图方法获得构造图。编制图要求:

(1)断层的级别、断层延伸长度、断层组合、掉向应与时间构造图一致。

(2)等值线勾绘合理、符合地质规律。

(3)不漏掉幅度大于15m、面积大于0.2km^2 的构造圈闭。

(4)等值线、断层及各种地质现象的勾绘要求和表示方法与时间构造图相同。

(5)对井深度误差执行SY/T 5934的规定。

4. 作图比例尺

(1)作图比例尺根据任务要求而定,以1∶10 000或1∶25 000为宜。

(2)构造图(或深度图)的等值线间隔根据地层倾角大小而定,1∶10 000 比例尺的构造图(或深度图)等值线间隔以 10～25m 为宜,1∶25 000 比例尺的构造图(或深度图)等值线间隔以 25～50m 为宜。

5. 时间构造图、构造图(或深度图)的可靠程度

时间构造图、构造图(或深度图)的可靠程度分为可靠、不可靠两种:

(1)凡资料品质好、作图层位能可靠对比的属可靠级,等值线用实线表示。

(2)资料品质较差、作图层位不能可靠对比的属不可靠级,等值线用虚线表示。

6. 时间构造图、构造图(或深度图)的断层、等值线表示方法

时间构造图、构造图(或深度图)的断层及等值线表示方法同二维地震资料的构造解释时间构造图的编制一致。

(四)地震资料地质解释合理性的确认

完成以上解释任务后,对地震地质层位解释方案、断层性质、断层在平面及剖面上的展布特征,构造特征及分布规律等进行合理性的确认。

地震地质层位解释方案确认的内容为:地震地质层位标定正确;不同断块、同一层位的解释相位一致;不整合面解释合理;特殊岩性体界面解释合理。

断层性质及展布特征确认的内容为:断层性质解释合理;断层对构造的控制作用解释合理;断层的断开层位、落差解释合理;断层的交切关系合理;断层在平面上的展布特征合理。

构造特征及分布规律确认的内容为:构造的落实程度及可靠性确认;构造的形态、轴向、高点在平面上的展布符合地质规律,构造与其控制断层的关系合理;深、浅层构造高点的继承性或高点位置的平面变化符合地质规律。

(五)成果报告基本内容及附图附表

1. 报告基本内容

(1)概况:包括工区位置、勘探现状、任务来源及地质任务;资料采集及处理情况;工区地质概况;任务完成情况和成果认识。

(2)资料解释:包括层位确定(标定)或连井标定、波组特征分析;速度参数的选择及使用,速度场研究及时深转换精度分析;断层及圈闭描述;局部构造、断块落实程度及断层封堵分析;必要的地震属性的使用和分析。

(3)综合解释:油气成藏地质条件综合分析,重点开展构造圈闭评价及油藏分布规律研究,落实井位建议。

(4)结论与建议:对本工区的技术措施和地质认识进行总结,对今后勘探部署和工作改进措施提出建议。

2. 附图内容

(1)地震测线位置图(二维资料)。

(2)层位标定,区域地震地质解释的主干剖面图。

(3)时深转换关系曲线图或作图层位的平均速度分布图。

(4)基底结构与构造区划图。

(5)地层综合柱状图。

(6)目的层系的时间构造图和构造图(或深度图)。

(7)目的层等厚图。

(8)地震地层分析(地震相、沉积相)平面图;地震属性分析图;非构造圈闭形态图及厚度图;圈闭、地层、岩性含油气分布图;储层物性参数及油藏参数平面预测图。

(9)含油气综合评价及钻探部署图勘探部署、井位建议及相关图件。

(10)其他有关分析图件。

3. 附表内容

包括工作量统计表、断层要素表、圈闭要素表、对井误差表、井位建议表。

根据资料不同(二维或三维)、勘探阶段的不同(概查、普查、详查、细测)及研究任务的具体要求,提供上述全部或部分附图附表。

三、工作站操作指南

地震资料的构造解释工作站操作基本流程:创建工区→加载地震、井数据→层位标定→断层、层位解释→平均速度场分析→等 T0 图制作→时深转换及构造成图→三维可视化解释。

下面以 Geoframe 软件为例,介绍地震资料构造解释的工作站基本操作。

(一)创建工区

1. 创建工区

双击桌面图标,运行 GeoFrame 4.5,弹出 Project Manager 界面(图 1-1 左),→Project Management→Create a New Project,出现 Create a New Project 对话框(图 1-1 右),输入工程名字(名字开头不能用数字),输入密码,确认密码,选择工区规模(一般选 Medium),选中 DBA 分配磁盘(Use Disk assigned by DBA),选择工区类型(如 Standalone),点击 OK(稍候)。在弹出的 Storage Setting 对话框中选择分配磁盘及项目路径,点击 OK。系统提示:Create Charisma Project Extension? 一般选择 NO→OK(如果调用 Indepth 模块,则选 Yes→OK),弹出 Edit Project Parameters 窗口。

2. 编辑工区参数

在 Edit Project Parameters 窗口中(图 1-2),点击 Display→Set Units,设置 Unit 为 Metric;点击 Set Projection→Create,弹出 Create Coordinate System 对话框,设置参数:Projection 选 UTM Coordinate System,Hemisphere 选 Northern Tg(根据工区实际地理位置选择);UTM Zone Number 填写工区带号,点击 OK 回到 Edit Project Parameters 界面。

点击 Storage→Set Unit,设置 Unit 为 Metric;点击 Set Projection→Create,在出现的 Create Coordinate System 对话框中选择上一步已保存的设置投影文件,点击 OK 完成工区创建。

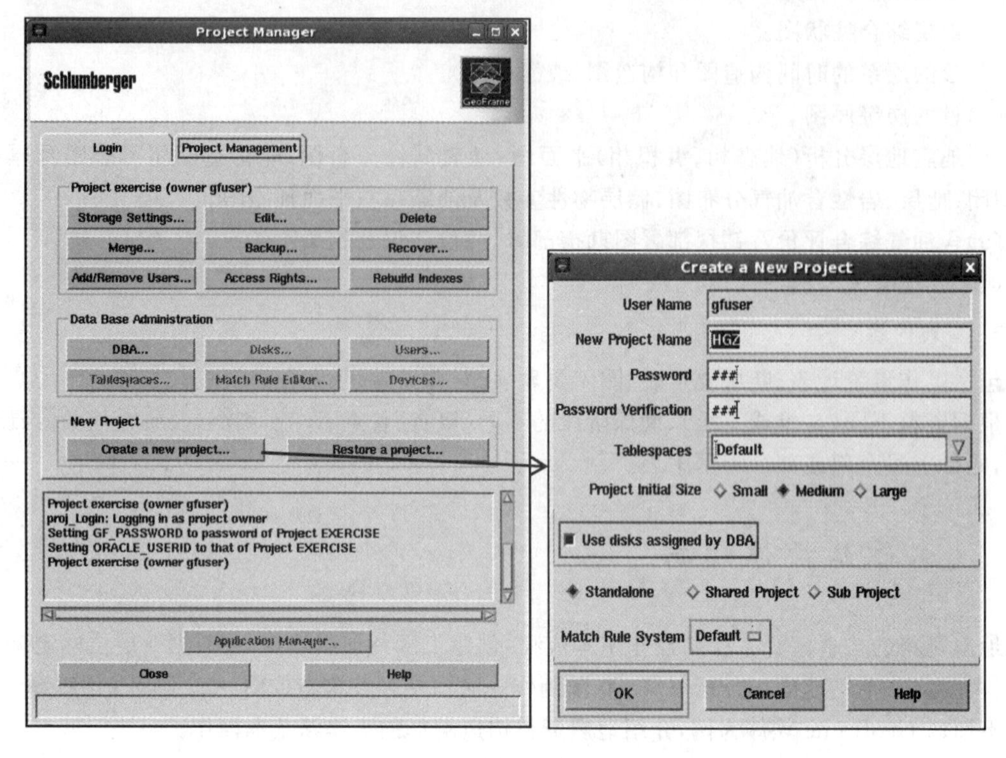
Project Manager
Schlumberger
GeoFrame
Login
Project Management
Project exercise (owner gfuser)
Storage Settings...
Edit...
Delete
Merge...
Backup...
Recover...
Add/Remove Users...
Access Rights...
Rebuild Indexes
Data Base Administration
DBA...
Disks...
Users...
Tablespaces...
Match Rule Editor...
Devices...
New Project
Create a new project...
Restore a project...
Project exercise (owner gfuser)
proj_Login: Logging in as project owner
Setting GF_PASSWORD to password of Project EXERCISE
Setting ORACLE_USERID to that of Project EXERCISE
Project exercise (owner gfuser)
Application Manager...
Close
Help
Create a New Project
User Name
gfuser
New Project Name
HGZ
Password
Password Verification
Tablespaces
Default
Project Initial Size
Small
Medium
Large
Use disks assigned by DBA
Standalone
Shared Project
Sub Project
Match Rule System
Default
OK
Cancel
Help

图 1－1

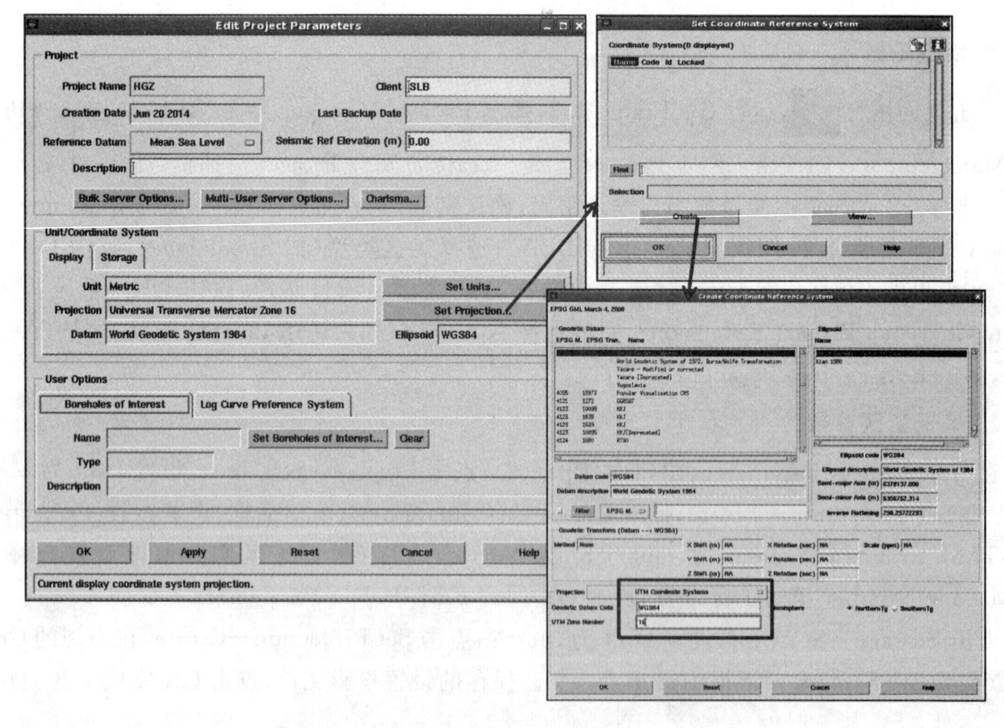
Edit Project Parameters
Project
Project Name
HGZ
Client
SLB
Creation Date
Jun 20 2014
Last Backup Date
Reference Datum
Mean Sea Level
Seismic Ref Elevation (m)
0.00
Description
Bulk Server Options...
Multi-User Server Options...
Charisma...
Unit/Coordinate System
Display
Storage
Unit
Metric
Set Units...
Projection
Universal Transverse Mercator Zone 16
Set Projection...
Datum
World Geodetic System 1984
Ellipsoid
WGS84
User Options
Boreholes of Interest
Log Curve Preference System
Name
Set Boreholes of Interest...
Clear
Type
Description
OK
Apply
Reset
Cancel
Help
Current display coordinate system projection.
Set Coordinate Reference System
Find
Selection
Create...
View...
OK
Cancel
Help
Create Coordinate Reference System
Geodetic Datum
Ellipsoid
OK
Reset
Cancel
Help

图 1－2

(二)数据加载

地震解释工区的数据加载包括地震数据及井资料的加载。地震数据加载的基本流程如图1-3所示。

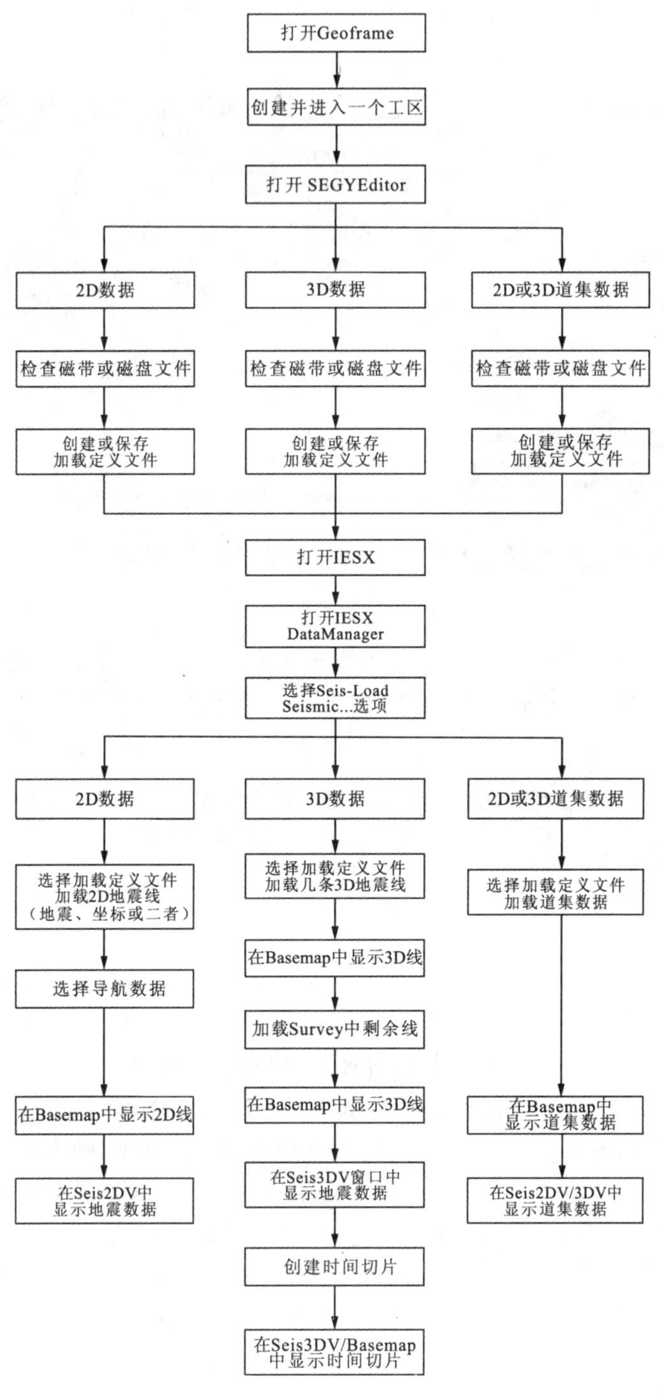

图 1-3

井资料加载包括井坐标数据、测井曲线、时深尺数据及井分层数据等的加载。

1. 三维地震数据加载

(1)定义存储参数。运行软件→选择工区→输入密码→Connect→Application Manager,弹出 Application Manager 窗口(图 1-4 左)。点击 SEISMIC→IESX→Applications→DataManager→Seismic→Load seismic,出现 Load seismic trace data 界面(图 1-4 右)。

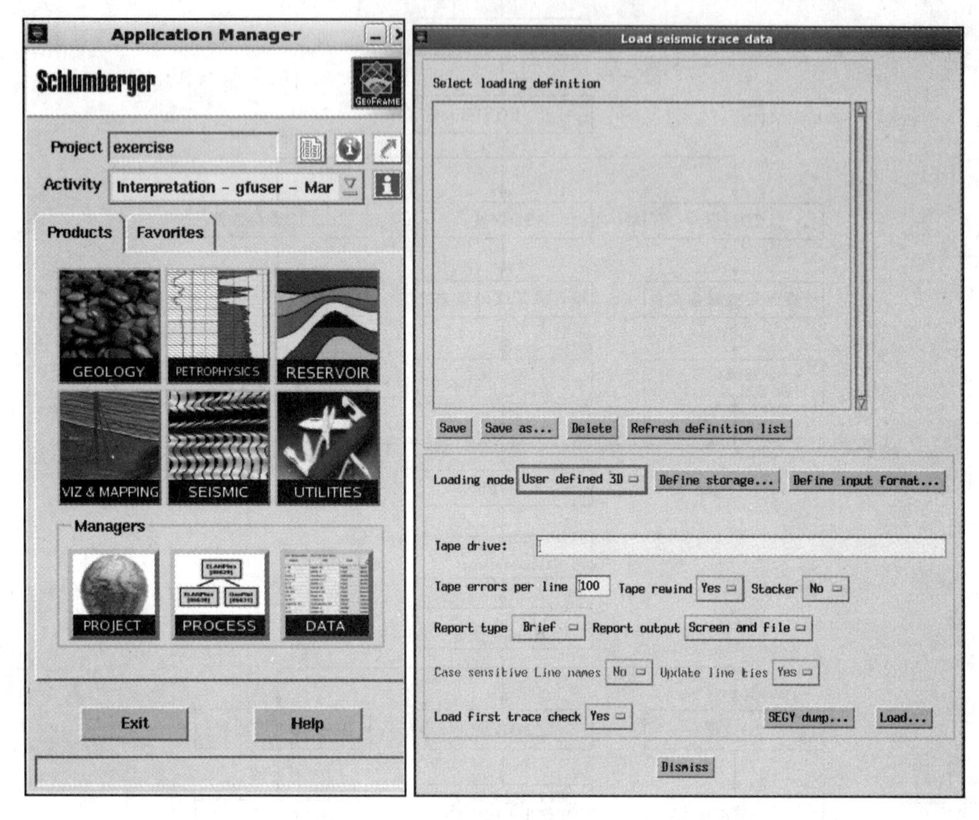

图 1-4

将 Load seismic trace data 中 Loading mode 定义为 User defined 3D,然后点击 Define storage 弹出 Define 3D seismic storage parameters 界面(图 1-5)。

Define 3D seismic storage parameters 界面中,填写起始线号(First inline number),终止线号(Last inline number),起始道号(Start line at input CDP),终止道号(End line at input CDP)等对应的参数;点击 Survey→Create,输入 Survey 名字→OK,弹出 Creat 3D survey location 对话框(图 1-6)。输入 3 点(不在同一条直线上)的 Line、CDP、X、Y 坐标。点击 Apply→Apply→Close;点击 Class→Create,输入 Class 名称→Add。点击 OK 完成设置。

(2)查看道头信息。方法一:点击 Load seismic trace data 界面中的 SEGY dump,弹出 SEGY dump 界面(图 1-7)。在 Input disk file 中输入地震数据存放路径及文件名,Trace header 可选择 Full,点击 Dump 弹出 Process report 界面,通过 Next record 查看窗口中显示的线号、CDP 号等道头信息。

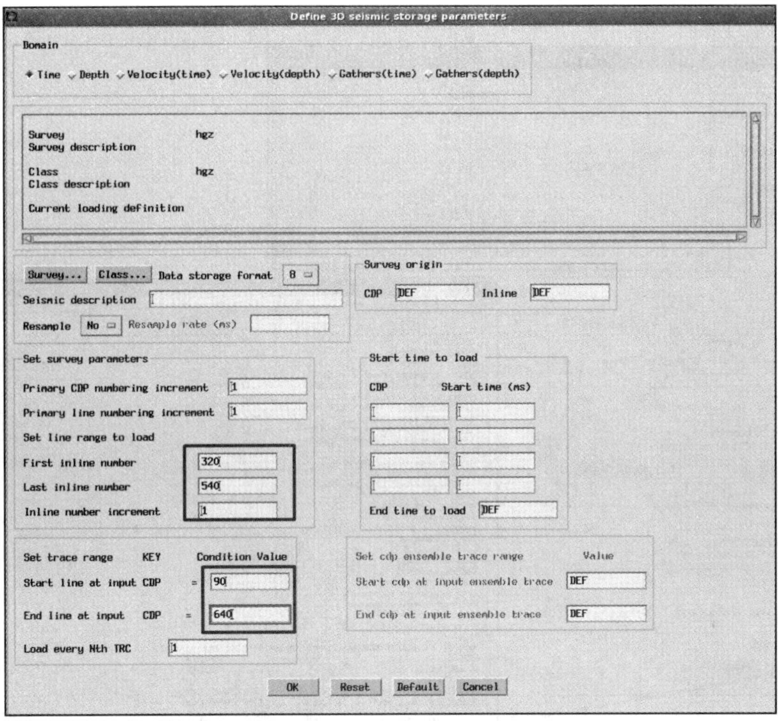

Define 3D seismic storage parameters

Domain

◆ Time ◇ Depth ◇ Velocity(time) ◇ Velocity(depth) ◇ Gathers(time) ◇ Gathers(depth)

Survey　hgz
Survey description
Class　hgz
Class description
Current loading definition

Survey... Class... Data storage format 8

Seismic description

Resample No　Resample rate (ms)

Survey origin
CDP DEF　Inline DEF

Set survey parameters
Primary CDP numbering increment 1
Primary line numbering increment 1
Set line range to load
First inline number 320
Last inline number 540
Inline number increment 1

Start time to load
CDP　Start time (ms)
End time to load DEF

Set trace range　KEY　Condition Value
Start line at input CDP = 90
End line at input CDP = 640
Load every Nth TRC 1

Set cdp ensemble trace range　Value
Start cdp at input ensemble trace DEF
End cdp at input ensemble trace DEF

OK　Reset　Default　Cancel

图 1 - 5

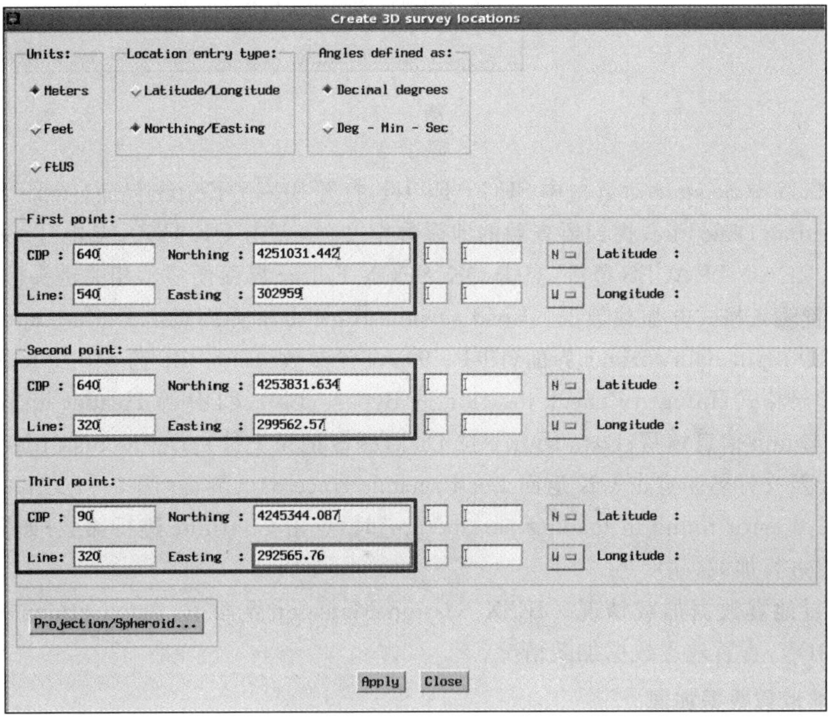

Create 3D survey locations

Units:
◆ Meters
◇ Feet
◇ FtUS

Location entry type:
◇ Latitude/Longitude
◆ Northing/Easting

Angles defined as:
◆ Decimal degrees
◇ Deg - Min - Sec

First point:
CDP : 640　Northing : 4251031.442　N　Latitude :
Line: 540　Easting : 302959　W　Longitude :

Second point:
CDP : 640　Northing : 4253831.634　N　Latitude :
Line: 320　Easting : 299562.57　W　Longitude :

Third point:
CDP : 90　Northing : 4245344.087　N　Latitude :
Line: 320　Easting : 292565.76　W　Longitude :

Projection/Spheroid...

Apply　Close

图 1 - 6

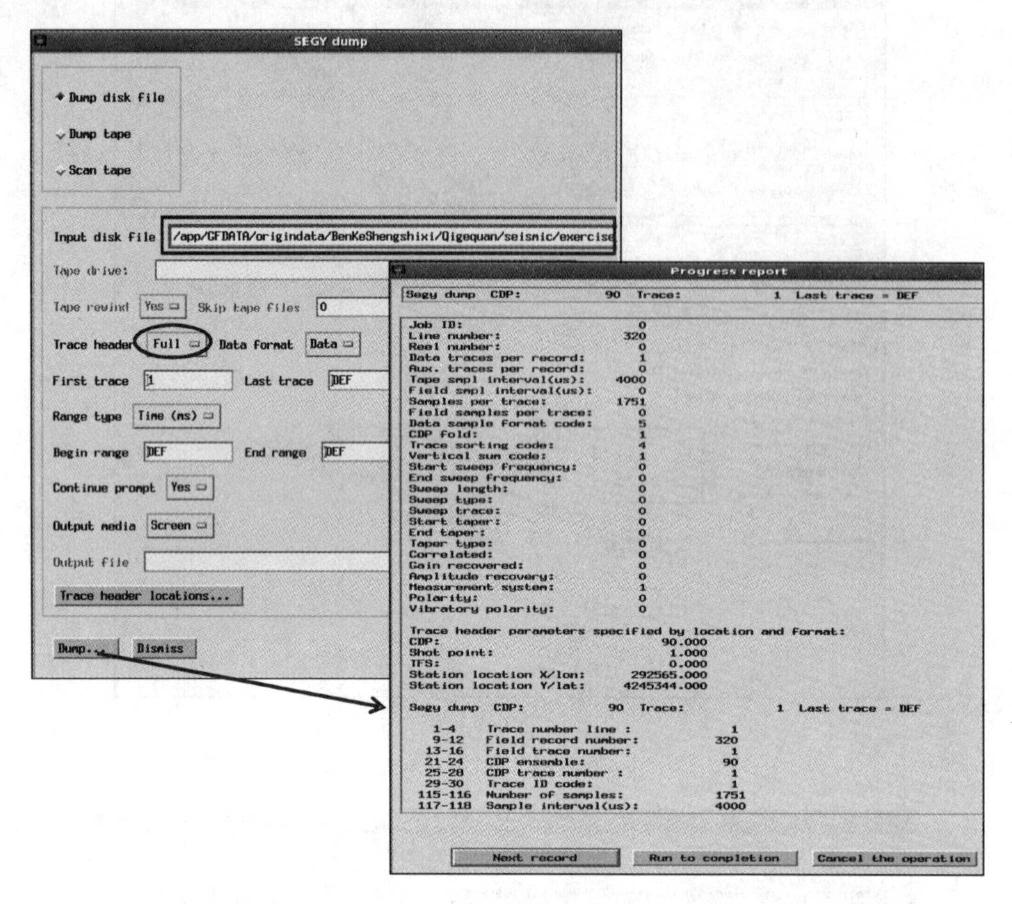

图 1－7

方法二：双击 Seismic 对话框中 SEGY Editer，打开 SEGY Editer 界面（图 1－8），点击 File→Open Seismic Disk File，找到要查看的地震数据文件，点击 OK 导入；点击 Trace Header→Read，选择 READ TRACES 范围，点击 OK，SEGY Editer 界面便显示相关道头信息。

（3）设置输入格式并加载数据。Load seismic trace data 界面点击 Define input format，弹开 Define 3D input data format 界面（图 1－9），设置参数：Line/file 选 Multiple；Data format 选数据体记录格式；Integrity check location 选 Bypass；Line、CDP 等 Header location（道头信息）可根据 Dump 信息填写；Data source 选 Disk（磁盘记录文件）；Define disk file(s) 填写地震数据的路径及文件名。点击 OK 返回 Load seismic trace data 界面（图 1－4 右）。点击 Load，出现提示“No error found in loading parameters”时，点击 Continue 进行加载；如果提示错误，修改参数后进行加载。

（4）查看地震数据加载情况。IESX Session Manager 界面下，Applications→Interpretation→Seis3DV，查看地震数据加载情况。

2. 二维地震数据加载

（1）添加测线。Load seismic trace data 界面下将 Loading mode 定义为 User Defined 2D，点击 Define storage 弹开 Define 2D seismic storage parameters 界面（图 1－10）。

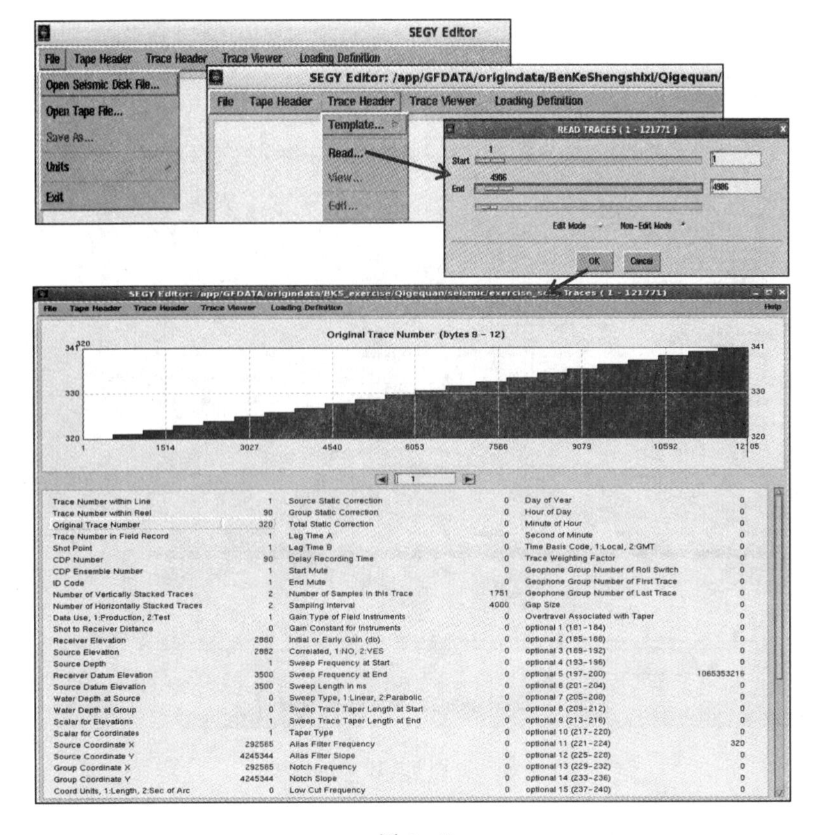

图 1－8

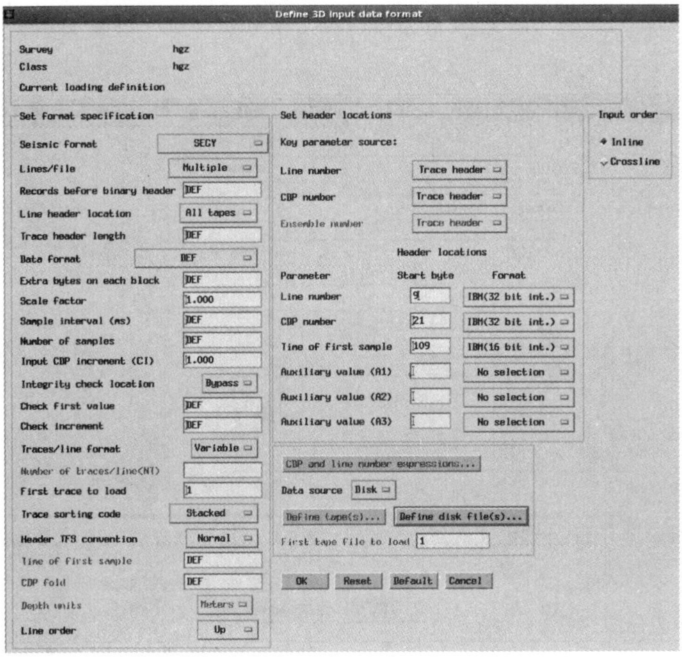

Define 3D input data format

Survey　hgz
Class　hgz
Current loading definition

Set format specification
Seismic format　SEGY
Lines/file　Multiple
Records before binary header　DEF
Line header location　All tapes
Trace header length　DEF
Data format　DEF
Extra bytes on each block　DEF
Scale factor　1.000
Sample interval (ms)　DEF
Number of samples　DEF
Input CDP increment (CI)　1.000
Integrity check location　Bypass
Check first value　DEF
Check increment　DEF
Traces/line format　Variable
Number of traces/line(NT)
First trace to load　1
Trace sorting code　Stacked
Header TFS convention　Normal
Time of first sample　DEF
CDP fold　DEF
Depth units　Meters
Line order　Up

Set header locations
Key parameter source:
Line number　Trace header
CDP number　Trace header
Ensemble number　Trace header

Header locations
Parameter　Start byte　Format
Line number　9　IBM(32 bit int.)
CDP number　21　IBM(32 bit int.)
Time of first sample　109　IBM(16 bit int.)
Auxiliary value (A1)　1　No selection
Auxiliary value (A2)　1　No selection
Auxiliary value (A3)　1　No selection

CDP and line number expressions...
Data source　Disk
Define tape(s)...　Define disk file(s)...
First tape file to load　1

OK　Reset　Default　Cancel

Input order
Inline
Crossline

图 1－9

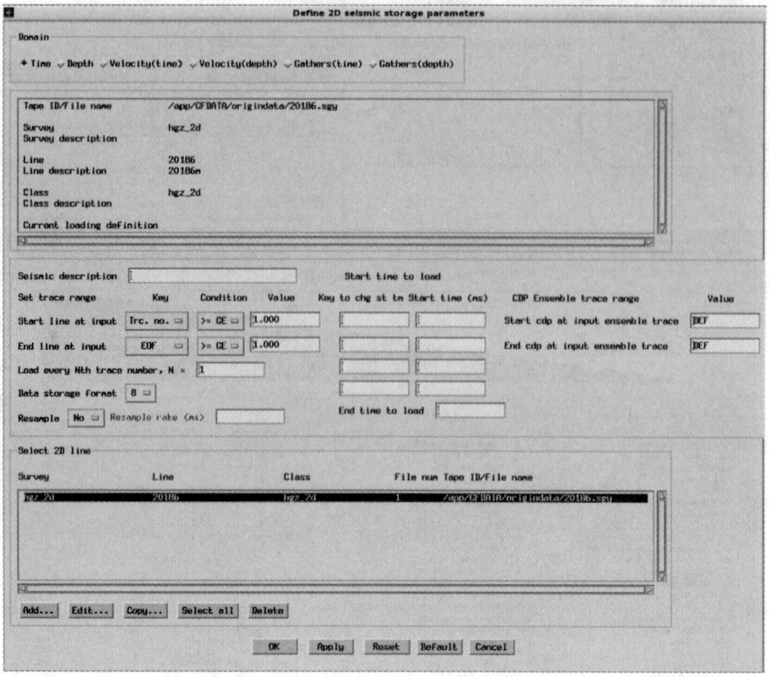

图 1-10

点击图 1-10 中 Add,弹出 Add a 2D line 对话框(图 1-11),输入一条测线名称;创建 Survey 和 Class;Data source 选 Disk;单击 Disk File 找到要加载的地震数据文件,点击 OK,完成一条测线的添加。

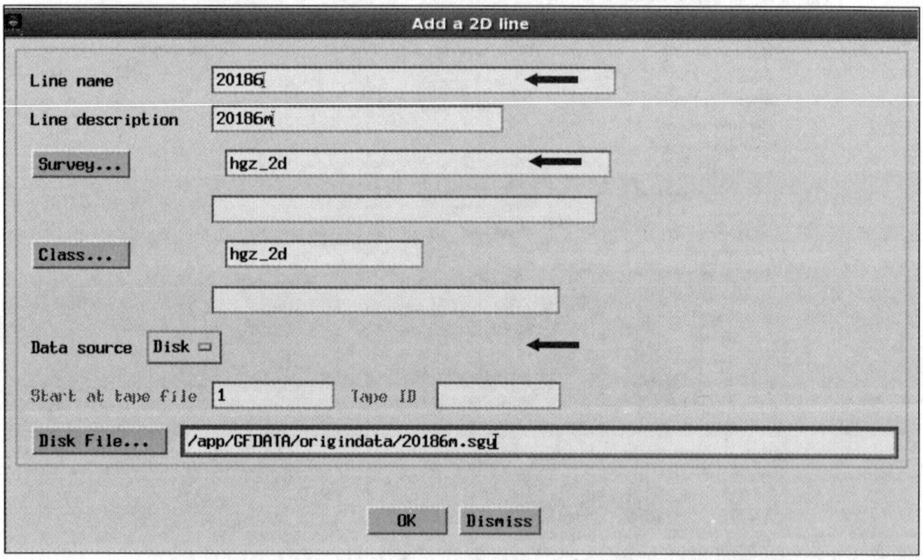

图 1-11

当添加其他测线时，选中已添加的测线，点击 Copy，选择相同 Survey 和 Class（上步建立的），修改测线名称及相应的地震数据文件名，点击 Apply 即可。完成工区所有测线添加后，点击 OK 回到 Load seismic trace data 界面。

(2)编辑输入参数。Load seismic trace data 界面下，点击 Define input format，出现 Define 2D input data format 窗口（图 1-12），设置输入参数：Seismic format 选 SEGY；Line/file 选 Multiple（如果只有一条测线就选 Single）；Loading mode 选 Both，表示同时记载地震数据和地震测网（数据体中没有导航数据则选 Seismic）；Location units 选 Meters；其他参数设置依据 Dump 信息填写。点击 OK 返回 Load seismic trace data 界面。点击 Load，出现提示"No error found in loading parameters"时，点击 Continue 进行加载；如果提示错误，修改参数后进行加载。

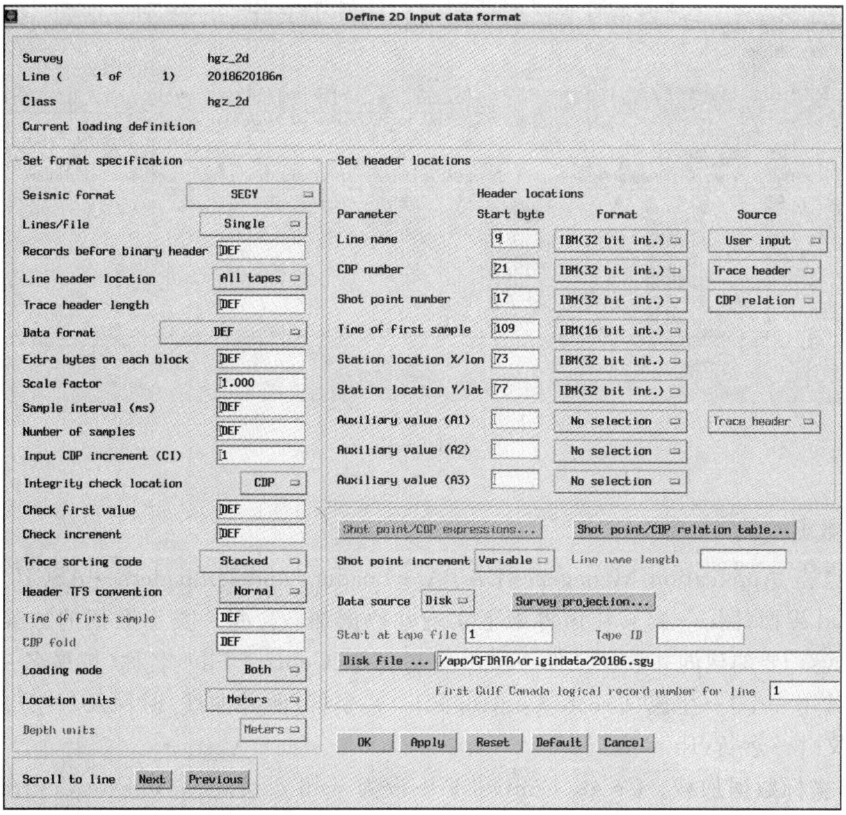

图 1-12

(3)检查地震数据加载情况。IESX Session Manager 界面下，Applications→Interpretation→Seis2DV，查看地震数据加载情况。

(4)导航数据加载。IESE Session Manager→Applications→DataManager→Map－Load 2D locations，弹出 Station location loader 界面（图 1-13）。File name to view/Load 栏内输入数据路径和文件名，点击 View 进行查看；选择 Survey、Projection（投影系统、带号选择等）；在 Header records to skip 栏输入表头需跳过的行数；Select coordinate units 选择 Northing/

Easting(Meters)；数据格式选择 ASCII；填写 Line name、Shot point、X、Y 坐标数据列数。点击 Load，系统提示：Do you wish to use the project display projection? 选择 Yes，点击 select all 选中所有测线，点 OK 完成加载。

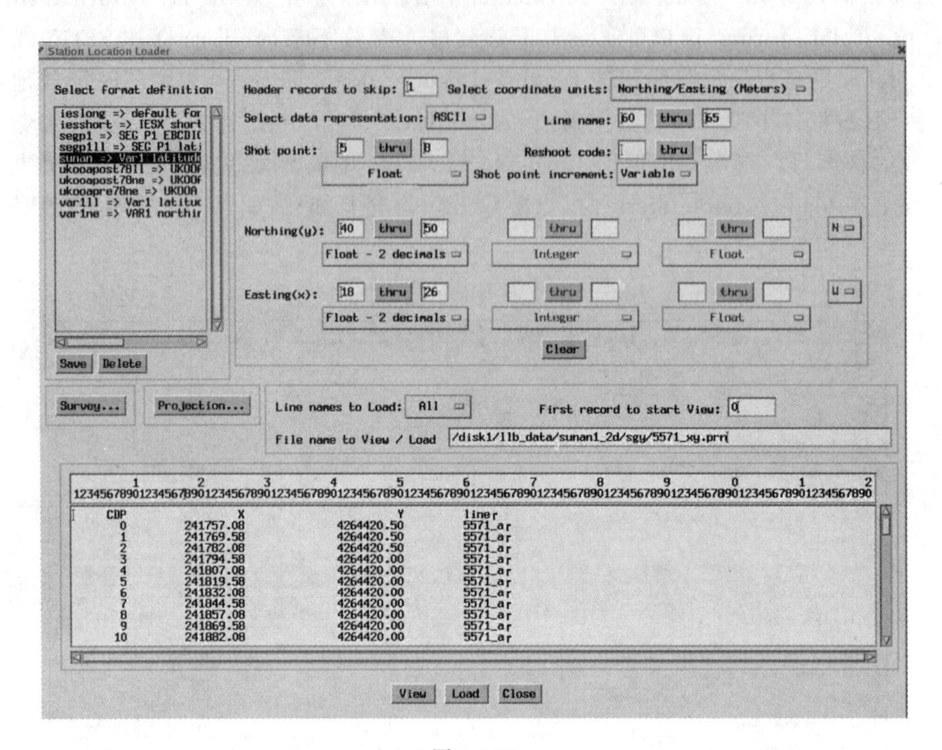

图 1 - 13

3. 井数据加载

通过点击 Application Manager→DATA→Loaders and Unloaders→ASCII Load，弹开 ASCII Load 界面(图 1 - 14)，在该界面下实现井数据加载。每一类型数据的加载流程：输入[InputFile(s)]要加载的井数据文件→给出控制文件(Control File)名称(扩展名一定为 .ctl，工区可以共用一个)→生成(Create Control File)井坐标/测井曲线/时深尺/井分层等数据加载的控制文件→运行(Run)完成。

(1)井坐标数据加载。Create Control File 设为 well data，点击 Create Control File 弹出 Well Data - Control File builder 对话框(图 1 - 15)，完成如下两步操作。

1)点击 Start Row，将鼠标移到 Data Preview 栏中，点击要加载的数据的起始行；点击 Stop Row，移动鼠标点击要加载的数据的最后一行；在 Record Length 中填写数据的长度(总长度默认为 256)；在 Column Delimiter 中选择数据栏的区分方式(一般选 SPACE)；在 Number of Columns 中填写数据的总栏数(必填)。

2)选中 Attribute Information，点击 well→Add Attribute，选择 Name，UWI，Location X，LocationY 四项；点击 Borehole→Add Attribute，选择 Name，UWI，Well - symbol 三项。其中 Name、UWI 均可设为对应栏中井名。点击 OK→Run，完成井坐标加载。

ASCII Load - gfuser (Project User) - - Jun 21 20:36:30 2014
Data File Information
Input File(s)...
/app/GFDATA/origindata/BenKeShengshixi/Qigequan/well/wellposition.prn
Control File...
/app/GFDATA/origindata/BenKeShengshixi/Qigequan/well/well.ctl
Error File...
Alias File(s)...
Create Control File...
Log Data
Well Marker Data
Well Data
Well Deviation Survey
Well Checkshot Survey
IESX Well Data
Grid Set Data
Scatter Set Data
Surface Attributes
Fault Boundary Data
Core Attribute Data
Core Array Data
Core Image Data
Generic Image Data
Litho Zone Data
Lithofacies Data
Annotation Data
Free Symbol Data
Dip Set Arrays
Dip Zone Data
Completed Interval Data
Drillstem Test Data
Merge Template...
Default
Unit System...
Preview File...
Loading Information Overri
Target Field...
Target Well UWI...
Target Borehole UWI...
Target Surface...
Target Layer...
Target Interp Model...
Target Source
Input Coord. System...
Storage Coord. System...
Producer...
Curve Set...
ASCII_Load
Validate Only
Array Filter
LCPS Filter
Quality Control Options
Load Run...
Manager(s)
Boreholes
Core Curves
Dip Zones
Drillstem Tests
Grids
Logs
Markers
Surfaces
Loading Messages
Run
Exit
Help

图 1－14

Well Data - Control File Builder
Data Preview
X Y name
297289.10 4248761.20 w1
298392.10 4250933.90 w2r
301027.00 4249151.20 w3
Display More Lines
Display All Lines
Control File...
/app/GFDATA/origindata/BenKeShengshixi/Qigequan/well/well.ctl
ASCII Format Information
Start Row 2
Stop Row 4
Record Length 256
Well Symbol Type IESX
Absent Value -999.25
Comment
Column Delimiter SPACE
Number of Columns 3
Database Information
Elevation Ref. Code
Column
Position
Length
Unit Synonyms
Location Unit... m
Elevation Unit... m
Date Format None
Attribute Information
Attribute Name | Data Type | Input Unit | Column | Position | Length | Format
Location_X | Well | | 1 | | | Float
Location_Y | Well | | 2 | | | Float
Name | Well | | 3 | | | String
UWI | Well | | 3 | | | String
Name | Borehole | | 3 | | | String
UWI | Borehole | | 3 | | | String
Well
Borehole
Add Attributes...
Remove Attribute
Units...
OK
Cancel
Help

图 1－15

(2)测井曲线加载。Input File(s)填写要加载的测井曲线文件;给出 Target Well UWI 及 Target Borehole UWI 井名,Create Control File 改为 log data,单击 Create Control File 打开 Log Data - Control File Builder 对话框(图 1-16),完成如下 3 步操作:

1)参考井坐标数据的加载方式填写 Start Row,Stop Row,Record Length,Column Delimiter,Number of Column,Value(空值,依据测井数据而定)。

2)选中 Index Information,点击 Type 选择 MD(Measure Depth),Unit 选择 m,在 Start 一栏填写测井数据起始深度,Stop 一栏填写测井数据结束深度,Sampling(数据采样率)依据实际数据填写。

3)选中 Log Information,点击 Add Arrays→Core,选择 Petrophysics,选择测井曲线点击 OK,在 Log Information 一栏中填写各项数据对应的栏数,设置测井曲线单位,设置空值,点击 OK→Run,完成测井曲线加载。

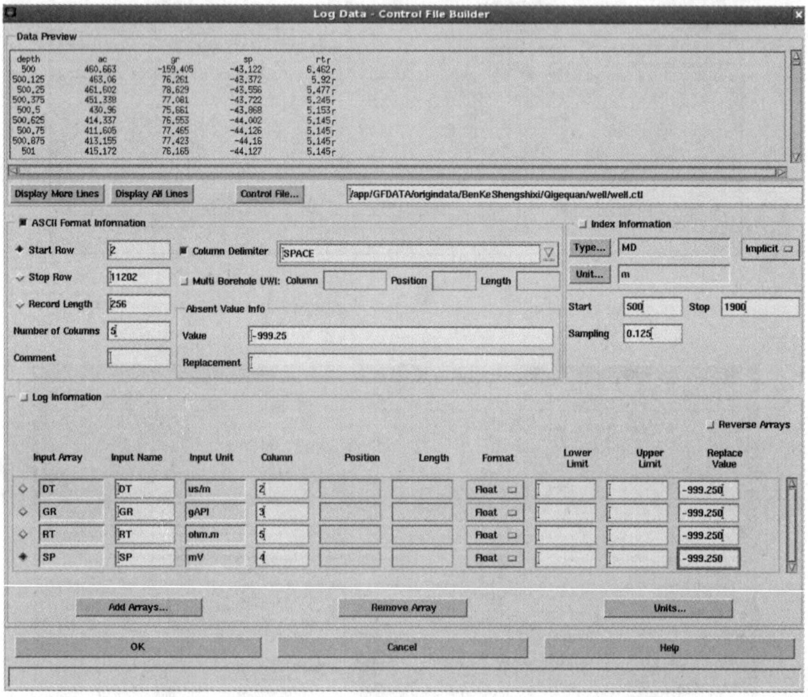

图 1-16

(3)时深尺数据加载。Input File(s)填写要加载的时深尺文件,Create Control File 选 Well Check shot Survey,单击 Create Control File 弹出 Check shot Survey - Control File builder 对话框(图 1-17)。参照井坐标数据的加载方式填写 Start Row,Stop Row,Record Length,Column Delimiter,Number of Column,Absence Value 等;点击 Add Arrays 选择 TVD,TWOTIM 两项,点击 OK,选择曲线对应的栏数,点击 OK→Run,完成时深尺数据加载。

(4)井分层数据加载。Input File(s)填写要加载的井分层数据文件,Create Control File 选 Well Marker Data,单击 Create Control File 弹出 Well Marker - Control File builder 对话框(图 1-18)。参照井坐标数据的加载填写 Start Row,Stop Row,Record Length,Column

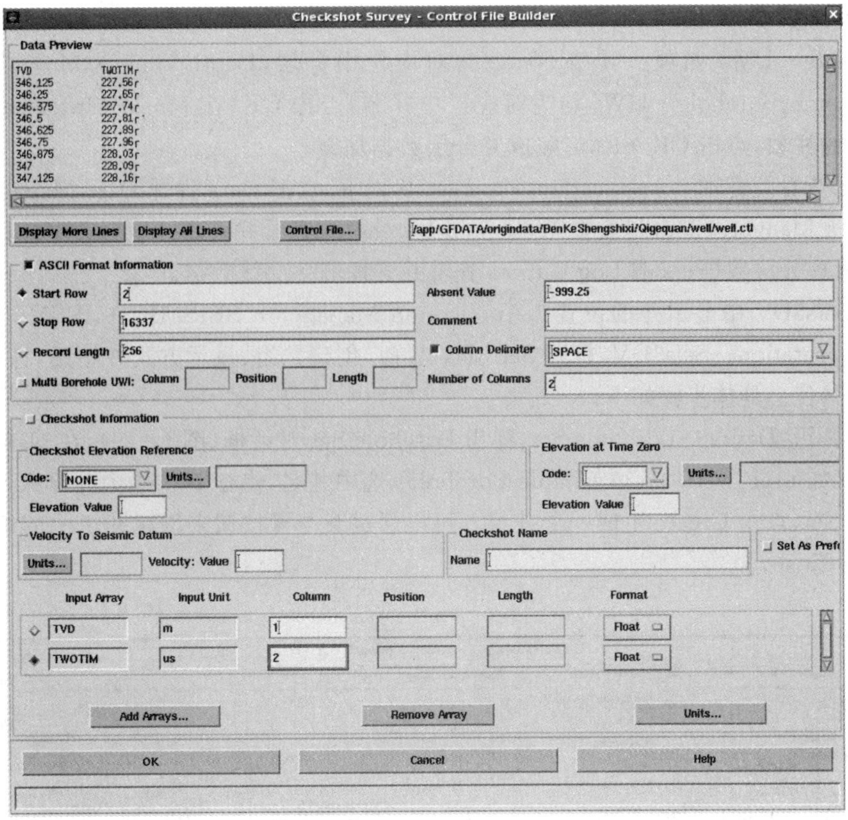

Checkshot Survey - Control File Builder

Data Preview

```
TVD           TWOTIM
346.125       227.56
346.25        227.65
346.375       227.74
346.5         227.81
346.625       227.89
346.75        227.96
346.875       228.03
347           228.09
347.125       228.16
```

Display More Lines　Display All Lines　Control File...　/app/GFDATA/origindata/BenKeShengshixi/Qigequan/well/well.ctl

ASCII Format Information

Start Row 2　Absent Value -999.25

Stop Row 16337　Comment

Record Length 256　Column Delimiter SPACE

Multi Borehole UWI: Column　Position　Length　Number of Columns 2

Checkshot Information

Checkshot Elevation Reference　Code: NONE　Units...

Elevation Value

Elevation at Time Zero　Code:　Units...

Elevation Value

Velocity To Seismic Datum　Units...　Velocity: Value

Checkshot Name　Name

Set As Pref

Input Array	Input Unit	Column	Position	Length	Format
TVD	m	1			Float
TWOTIM	us	2			Float

Add Arrays...　Remove Array　Units...

OK　Cancel　Help

图 1－17

Well Marker - Control File Builder

Data Preview

```
wellname          marker          depth
w1        N23           428
w1        N22           875.4
w1        N1            1032
w1        E32           1461.6
w1        E31           1603.8
w2        Q1+2          310
w2        N23           840
w2        N22           1320
w2        N1            1660
```

Display More Lines　Display All Lines　Control File...　/app/GFDATA/origindata/BKS_exercise/Qigequan/well/w

ASCII Format Information

Start Row 2　Absent Value -999.25

Stop Row 6　Comment

Record Length 256　Column Delimiter SPACE

Number of Columns 3

Database Information

Well Marker Type... Strat_Marker

Marker Unit... m

Index Type MD　UWI Check Yes

Date Format None

Marker Information

Attribute Name	Data Type	Input Unit	Column	Position	Length	Format
Borehole_Name	Strat_Marker		1			String
Borehole_UWI	Strat_Marker		1			String
Depth/Time	Strat_Marker		3			Float
Name	Strat_Marker		2			String

Add Attributes...　Remove Attribute　Units...

OK　Cancel　Help

Set/reset the currency of the ASCII Format information window.

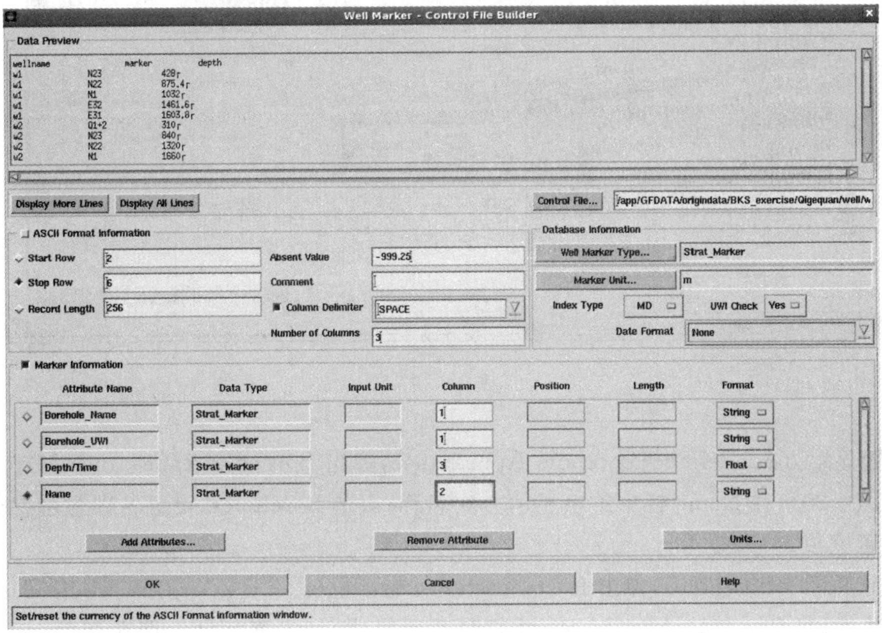

图 1－18

Delimiter，Number of Column；点击 Add Attributes 选择 Name，Depth/time，Borehole－name，Borehole－UWI 四项。其中 Name 为对应栏中分层，Depth/time 为对应栏中深度，Borehole－name，Borehole－UWI 均为对应栏中井名，点击 OK；在 Marker Information 中填写各项对应的栏数，点击 OK→Run，完成井分层数据加载。

（5）数据查看及管理。Application Manager 界面下，点击 Data 弹开 Data Management 界面，点击 Data Mangers，双击列表中 Wells and Boreholes 查看并管理井坐标数据；双击 Markers 查看并管理分层数据；双击 Log Curves 查看并管理测井曲线数据。

（6）在 Seis3DV 中显示井的位置。Application Manager→ SEISMIC→ IESX→ Applications→Interpretation→Seis3DV，打开 Seis3DV 界面，创建井组、显示方式并粘贴，即可在地震剖面上查看井位。具体步骤如下。

1）创建井组：Define→Borehole Set，弹出 Borehole Set 对话框（图 1－19），在 Name 中给一个井组名称（如 user_well），从 Available Boreholes 选中井名，点击▶将选中井导入 Boreholes in Borehole Set，点击 Create 生成一个井组。可以通过▶与◀按钮来增减井组中的组成井，点击 Updata→Close。

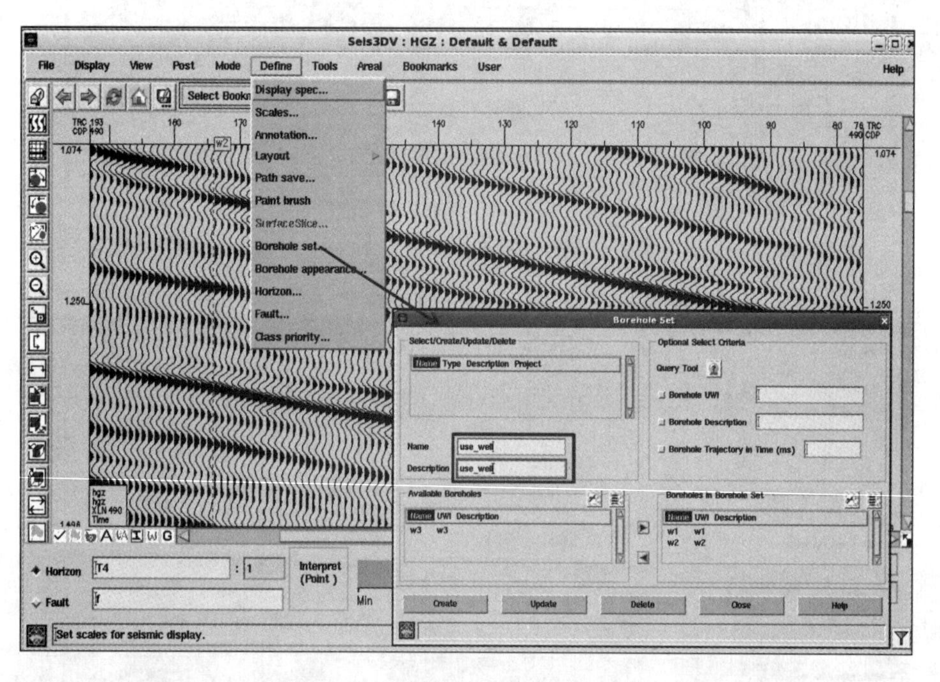

图 1－19

2）设置显示方式：Define→Borehole Appearance，弹出 Borehole Appearance Management 对话框（图 1－20），在 Name 栏中给出显示方式名称；点击 Boreholes，设置各项显示参数，点击 Create，设置完成。

3）点击 Post→Boreholes，弹出 Post Boreholes 对话框（图 1－21），在 Borehole Set 中选择要投显的井组，在 Borehole Appearance 中选择显示样式，点击▼→OK，即在剖面上看到所投的井。

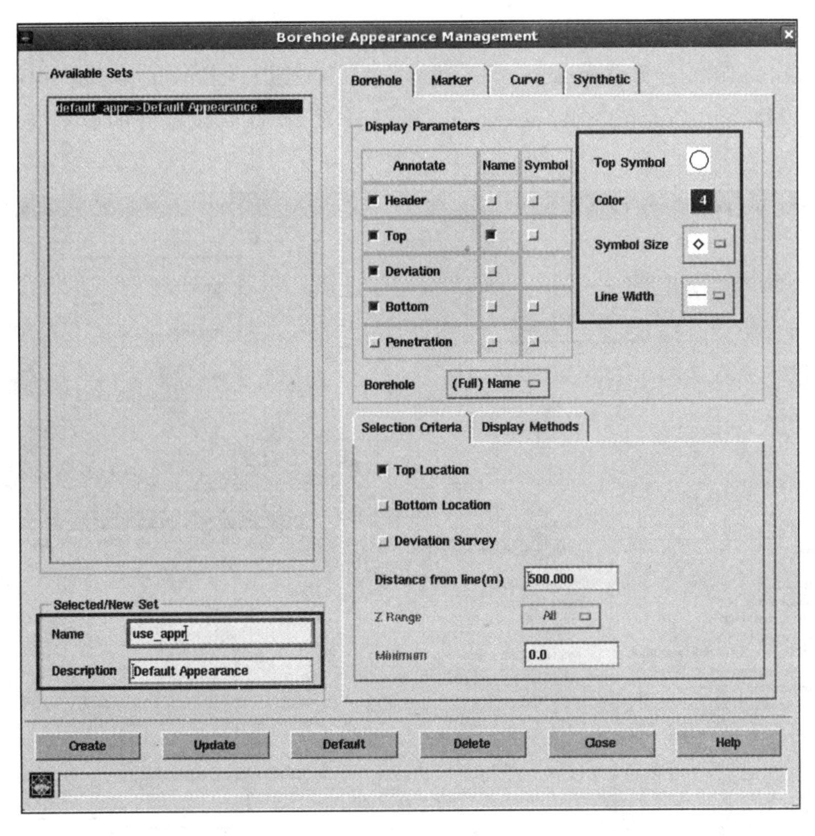
Borehole Appearance Management
Available Sets
default_appr=>Default Appearance
Borehole
Marker
Curve
Synthetic
Display Parameters
Annotate
Name
Symbol
Header
Top
Deviation
Bottom
Penetration
Top Symbol
Color
Symbol Size
Line Width
Borehole
(Full) Name
Selection Criteria
Display Methods
Top Location
Bottom Location
Deviation Survey
Distance from line(m)
500.000
Z Range
All
Minimum
0.0
Selected/New Set
Name
use_appr
Description
Default Appearance
Create
Update
Default
Delete
Close
Help

图 1－20

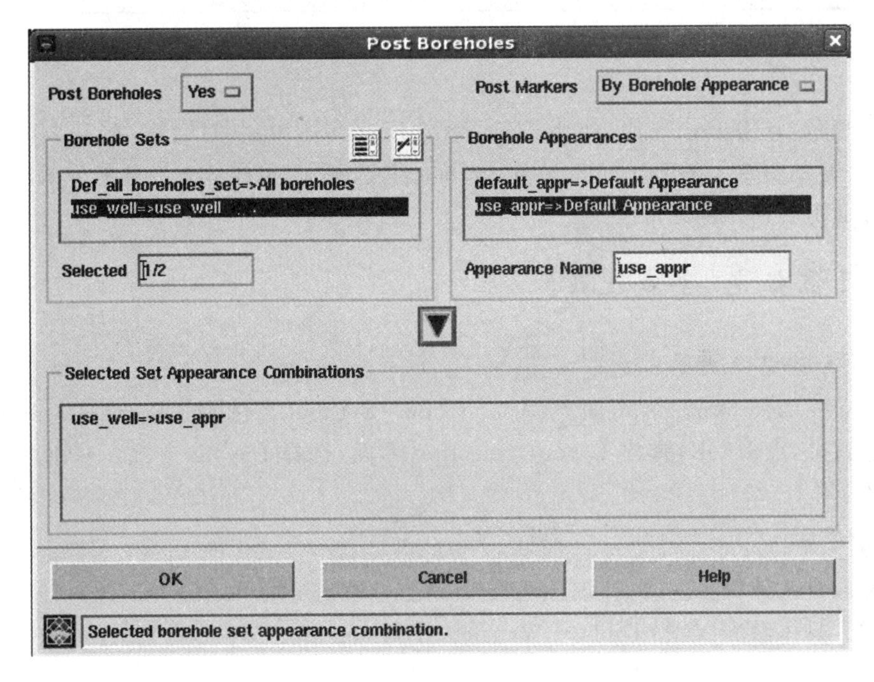
Post Boreholes
Post Boreholes
Yes
Post Markers
By Borehole Appearance
Borehole Sets
Def_all_boreholes_set=>All boreholes
use_well=>use_well
Selected
1/2
Borehole Appearances
default_appr=>Default Appearance
use_appr=>Default Appearance
Appearance Name
use_appr
Selected Set Appearance Combinations
use_well=>use_appr
OK
Cancel
Help
Selected borehole set appearance combination.

图 1－21

(7)在 Basemap 中显示井的位置。设置井组显示方式:Application Manager→ SEISMIC → IESX→ Applications→Interpretation→ Basemap→ Edit→Borehole Set→Borehole Appearance,弹出 Manage Borehole Appearance 对话框(图 1-22),设定井的显示样式。

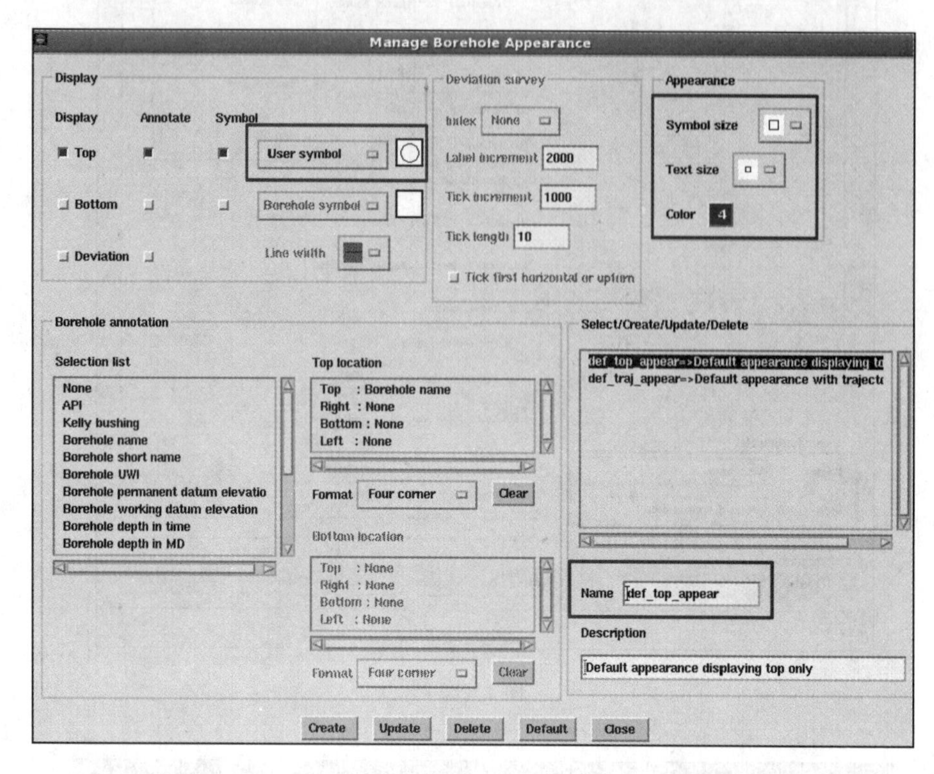

图 1-22

粘贴并显示:点击 Post→Boreholes Set,弹出 Post Boreholes 对话框,在 Borehole Set 中选择上步设置的井组,在 Borehole Appearance 中选择显示样式,点击▼→OK,便可在 Basemap 界面上看到井位分布。

(三)层位标定(合成记录)

1. 启动 Synthetics 模块

在 IESX Session Manager 界面下,Application→Synthetic,在弹出 Boreholes Selection 窗口中选中一口井,点击 OK,弹出 Layout Selection 界面,选择 Layout 方式,→OK,出现 Synthetics 界面(图 1-23)。

2. 提取子波

子波提取有两种算法供选,即统计法(Statistical)和确定法(Deterministic)。常采用统计法提取子波。具体做法:点击 Tools→ Wavelet→Extract,弹出 Wavelet Extraction 对话框(图 1-24),选择提取子波的时窗(依据井旁地震数据而定);点击 Statistical,调整子波长度、极性、相位等参数,点击 Extract→ Save Wavelet→输入子波名称→OK→Close,即完成子波提取。

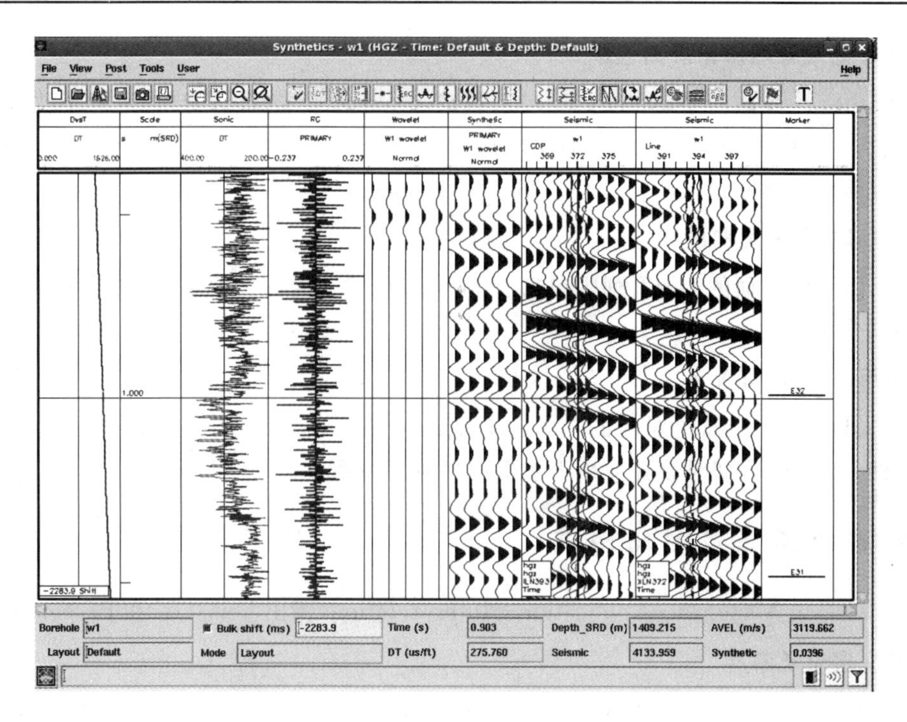
Synthetics - w1 (HGZ - Time: Default & Depth: Default)
File View Post Tools User
Help
DvsT
Scale
Sonic
RC
Wavelet
Synthetic
Seismic
Seismic
Marker
DT
m(SRD)
DT
PRIMARY
W1 wavelet
PRIMARY
W1 wavelet
Normal
Normal
CDP
Line
1.000
-2283.9 Shift
Borehole w1
Bulk shift (ms) -2283.9
Time (s) 0.903
Depth_SRD (m) 1409.215
AVEL (m/s) 3119.662
Layout Default
Mode Layout
DT (us/ft) 275.760
Seismic 4133.959
Synthetic 0.0396

图 1－23

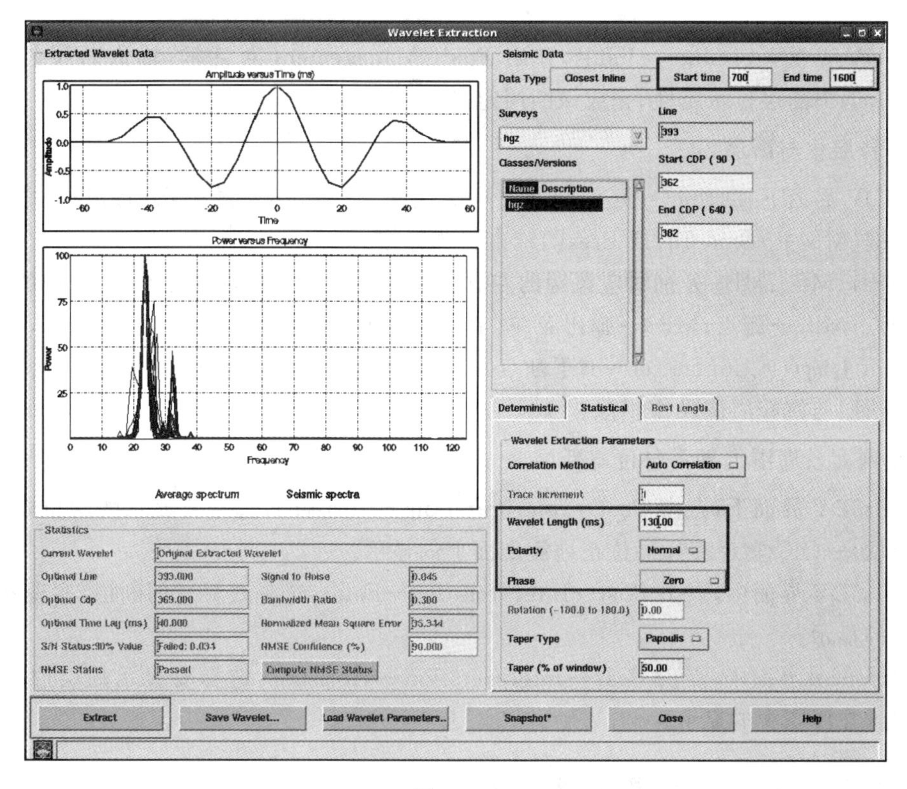
Wavelet Extraction
Extracted Wavelet Data
Amplitude versus Time (ms)
Amplitude
Time
Power versus Frequency
Power
Frequency
Average spectrum
Seismic spectra
Seismic Data
Data Type Closest Inline
Start time 700
End time 1600
Surveys
hgz
Line
393
Classes/Versions
Name Description
hgz
Start CDP (90)
362
End CDP (640)
382
Deterministic
Statistical
Best Length
Wavelet Extraction Parameters
Correlation Method Auto Correlation
Trace increment 1
Wavelet Length (ms) 130.00
Polarity Normal
Phase Zero
Rotation (-180.0 to 180.0) 0.00
Taper Type Papoulis
Taper (% of window) 50.00
Statistics
Current Wavelet Original Extracted Wavelet
Optimal Line 393.000
Signal to Noise 0.045
Optimal Cdp 369.000
Bandwidth Ratio 0.300
Optimal Time Lag (ms) 40.000
Normalized Mean Square Error 35.344
S/N Status:90% Value Failed: 0.034
NMSE Confidence (%) 90.000
NMSE Status Passed
Compute NMSE Status
Extract
Save Wavelet...
Load Wavelet Parameters..
Snapshot*
Close
Help

图 1－24

3. 合成记录与地震记录的匹配

在 Synthetics 界面的 Wavelet 列中单击右键→Content，选择上一步提取的子波，点击 OK 生成合成记录。使用 Bulk shift 上下移动，或 Stretch/Squeeze 拉伸/压缩来修改合成记录，使其与实际地震记录达到最佳匹配。注意 Stretch/Squeeze 不可轻易使用。

4. 保存时间-深度曲线

在 Synthetics 界面的 DvsT 列中单击右键→Save，输入时深关系名称，点击 OK 保存时间一深度曲线作为 Checkshot。

5. 应用时间-深度关系

在 Seis3DV 界面中双击对应的井弹出 Borehole Editor 界面，点击 Checkshots，选择保存的时深曲线，点击 OK，即对该井应用上步保存的时深关系。

（四）断层与层位对比解释

IESX Session Manager→Application→Interpretation，调出 Seis3DV 和 Basemap 界面。

1. 定义层位及断层

Seis3DV 界面下，Define→Horizon，弹出 Horizon Management 对话框，输入层位名字（例如 T4），点击 Add，编辑该层位的颜色、线型、宽度等显示属性，点击 Update→Close，完成该层位定义。

Seis3DV 界面下，Define→Fault，弹出 Fault Management 对话框，输入断层名字（例如 Fq）→Add，编辑断层显示属性，完成该断层定义。

2. 解释层位与断层

Seis3DV 界面下，Define→Horizon→选中层位→Active，用左键（MB1）追踪选中层位，点击鼠标右键（MB3）→Smooth（或 Break）结束层位追踪。

注：MB1、MB2、MB3 分别对应鼠标的左、中、右三个键。在解释状态下，三个键的功能是：MB1→加点；MB2→删点；MB3→弹出菜单，有 Break（中断）、Smooth（平滑）、Contact（断点）、Contact up（上断点）、Contact down（下断点）、Active（激活）、Erase（删除）等选项。

解释断层与解释层位操作相似。

3. 在剖面及底图上显示层位与断层

在 Seis3DV 界面下，点击 Post→Interpretation→Horizons，选择要显示的层位（按住 Ctrl 可多选层位）→OK，实现解释层位在地震剖面上的显示。

在 Seis3DV 界面中，点击 Post→Interpretation→Fault，选择要显示的断层，实现断层在地震剖面上的显示。

在 Basemap 界面中，点击 Post→Interpretation→Horizons，选择要显示的层位→OK，实现解释层位在底图中的显示。

（五）时深转换及成果图件编制

在完成全区层位和断层解释工作的基础上，打开 Basemap 界面，点击 Post→Interpretation→Horizons，激活成图层位。然后进行如下工作：成图范围圈定→断层多边形勾绘（断层组合）→数据网格化与等 T0 图生成→时间深度转换→深度构造图生成。

1. 圈定成图范围

Basemap 界面下，Edit→Boundaries→Clipping Surface，用鼠标左键在底图上画出成图范围。点击右键→Save As，弹出 Save Clipping Surface Boundary 界面，选择层位，给出成图边界名称（Boundary Name），点击 OK 完成。

2. 勾绘断层多边形

Basemap→Edit→Fault Boundaries，弹出 Edit Fault Boundary 对话框（图 1 - 25），进行断层多边形绘制、编辑、删除等工作。

绘制：Edit Mode 选择 Enter，选择层位与断层，在 Basemap 上用左键（MB1）勾绘断层边界，中键（MB2）撤销上步操作，右键（MB3）→Close 完成绘制。

编辑：Edit Mode 选择 Edit，点击 Basemap 上需要编辑的断层多边形，即可对激活的多边形进行编辑（MB1 加点，MB2 删除点，MB3→Break 退出编辑）。

删除：Edit Mode 选择 Delete，在 Basemap 上点击要删除的断层多边形，右键→Delete 进行删除。

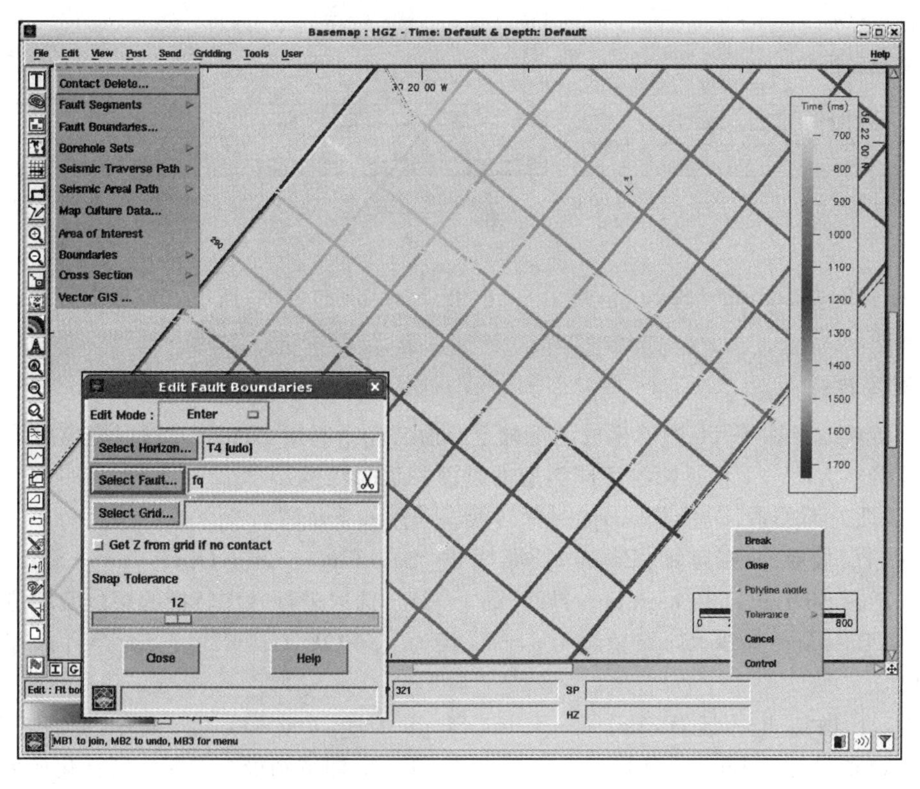

图 1 - 25

3. 数据网格化与等 T0 图生成

Basemap→Gridding→Structural Gridding，弹出 Basemap Plus Structural Gridding and

Contouring 窗口(图 1－26 左),选择要网格化的层位(如 T4_cp)、断层多边形及成图范围,点击 Parameters→Grid and Contour Parameters→Contour Parameters,设置等 T0 图等值线参数和网格化参数,点击 OK→OK,即生成等 T0 图(图 1－26 右)。

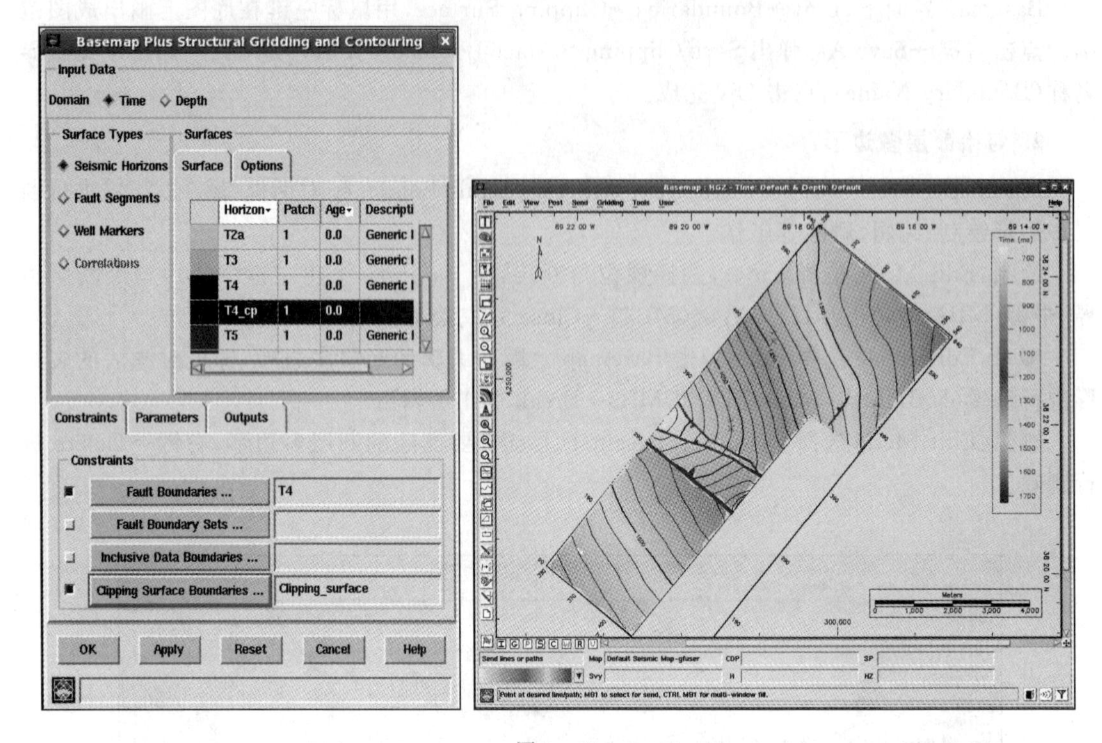

图 1－26

Basemap→Gridding→Save as,给出 Grid 和 Contour 的名称,点击 OK 保存等 T0 图的网格及等值线。

4. 时深转换

时深转换需要在等 T0 图已生成的基础上开展。介绍利用 Basemap 进行简单的均匀速度场的时深转换方法。下面是两种不同类型的时深关系的转换方法:

(1)线性时深关系(D＝aT＋b)的时深转换。采用如下步骤:

1)对 T0 做乘 a 的运算:Basemap 界面下,Gridding→Grid Operation→Single,打开 Basemap Plus Single Grid Operation 界面(图 1－27),选取进行时深转换的层位及相应的时间网格,选中 Bias and Scale,Scale 值设为 a,Bias 设为 0,→OK,Gridding→Save as,保存网格文件为 aT。

2)对 aT 做加 b 的运算:Basemap Plus Single Grid Operation 界面中,选中 Bias and Scale,Scale 值设为 1,Bias 设为 b,→OK,保存为 aT＋b,即得到最终的深度网格化成果。

说明:菜单中 Scale、Bias 分别对应线性时深关系 D(深度)＝ aT(时间)＋b 中的 a、b 常数。

(2)高次幂多项式时深关系(D＝aT^2＋bT＋c)的时深转换。采用如下步骤:

1)对 T0 做 2 次方运算:Basemap Plus Single Grid Operation 界面中,选中 Exponentiate,将数值设为 2,→OK。Gridding→Save as,保存网格文件为 T2,→OK。

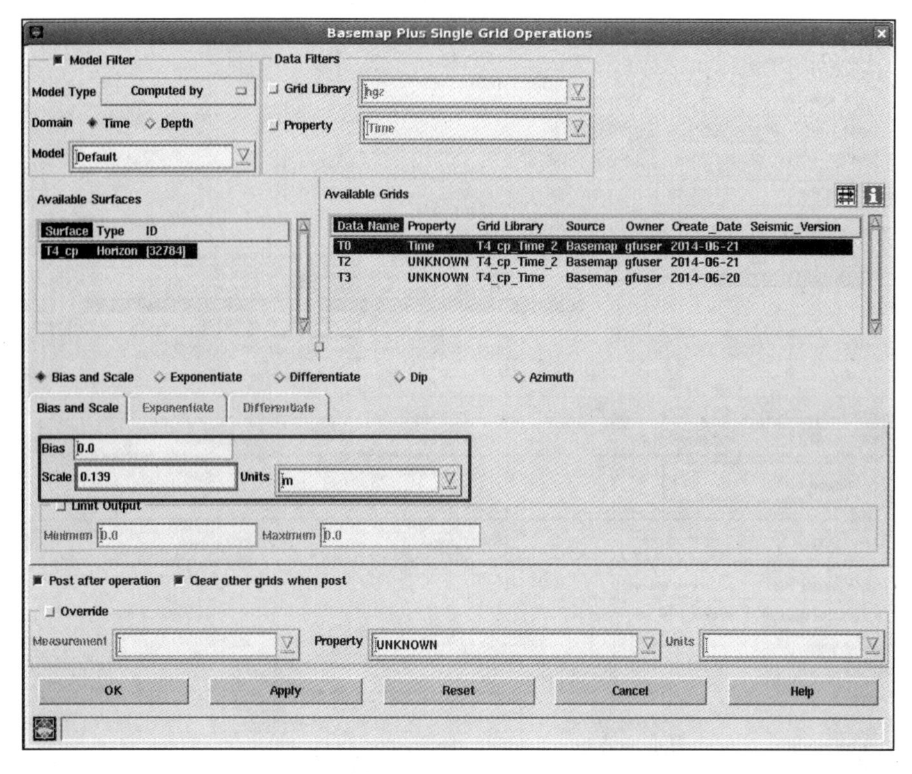

图 1-27

2)对 T2 做乘 a 的运算:Basemap Plus Single Grid Operation 界面中,选中 Bias and Scale,Scale 值设为 a,Bias 设为 0,→OK,保存为 aT2。

3)对 T0 做乘 b 的运算:Basemap Plus Single Grid Operation 界面中,选中 Bias and Scale,Scale 值设为 b,Bias 设为 0,→OK,保存为 bT。

4)对 bT 做加 c 的运算:Basemap Plus Single Grid Operation 界面中,选中 Bias and Scale,Scale 值设为 1,Bias 设为 c,→OK,保存为 bT+c。

5)最后运算 aT2+bT+c:Basemap→Gridding→Grid Operation→Multiple,打开 Basemap Plus Multiple Grid Operation 窗口(图 1-28),First Grid 选择 aT2,Second Grid 选择 bT+c,Operation 选 Plus→OK,保存为 aT2+bT+c,即得到最终的深度网格化成果。

注意:Units 设置为 m,Property 设置为 Depth,每一步运算结果都要保存。

5. 构造成图

Basemap 下,点击 Gridding→Project Gridding,弹出 Basemap Plus Project Gridding and Contouring 对话框(图 1-29 左),点击 Horizon 弹出 Select Seismic Horizon 对话框,选择层位,选中 3D survey as grid,→OK 返回图 1-29 左。选择断层多边形(Fault Boundary)及成图范围(Clipping Surface Boundary),点击 Grid and Contour Parameters,设置等值线参数和网格参数,点击 OK 即生成深度等值线图(图 1-29 右)。Gridding→Save as,输入 Grid 和 Contour 名称,→OK 保存等深度图的网格及等值线。

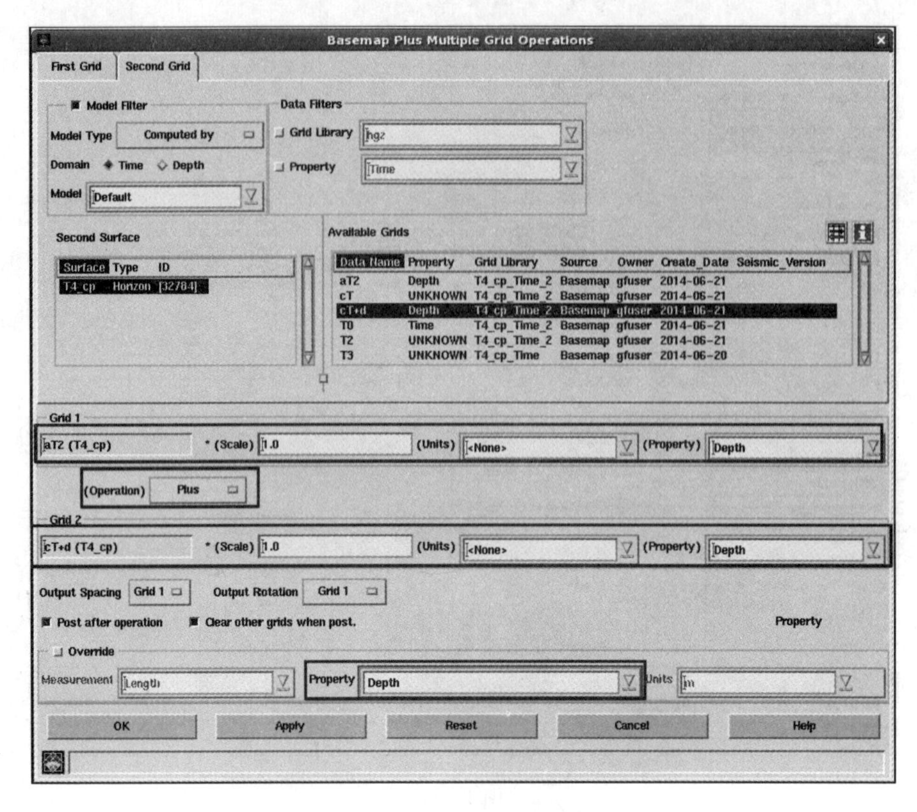

Basemap Plus Multiple Grid Operations
First Grid
Second Grid
Model Filter
Model Type
Computed by
Domain
Time
Depth
Model
Default
Data Filters
Grid Library
hgz
Property
Time
Second Surface
Surface Type ID
T4_cp Horizon [32784]
Available Grids
Data Name Property Grid Library Source Owner Create_Date Seismic_Version
aT2 Depth T4_cp_Time_2 Basemap gfuser 2014-06-21
cT UNKNOWN T4_cp_Time_2 Basemap gfuser 2014-06-21
cT+d Depth T4_cp_Time_2 Basemap gfuser 2014-06-21
T0 Time T4_cp_Time_2 Basemap gfuser 2014-06-21
T2 UNKNOWN T4_cp_Time_2 Basemap gfuser 2014-06-21
T3 UNKNOWN T4_cp_Time Basemap gfuser 2014-06-20
Grid 1
aT2 (T4_cp)
* (Scale) 1.0
(Units) <None>
(Property) Depth
(Operation) Plus
Grid 2
cT+d (T4_cp)
* (Scale) 1.0
(Units) <None>
(Property) Depth
Output Spacing Grid 1
Output Rotation Grid 1
Post after operation
Clear other grids when post.
Property
Override
Measurement Length
Property Depth
Units m
OK
Apply
Reset
Cancel
Help

图 1－28

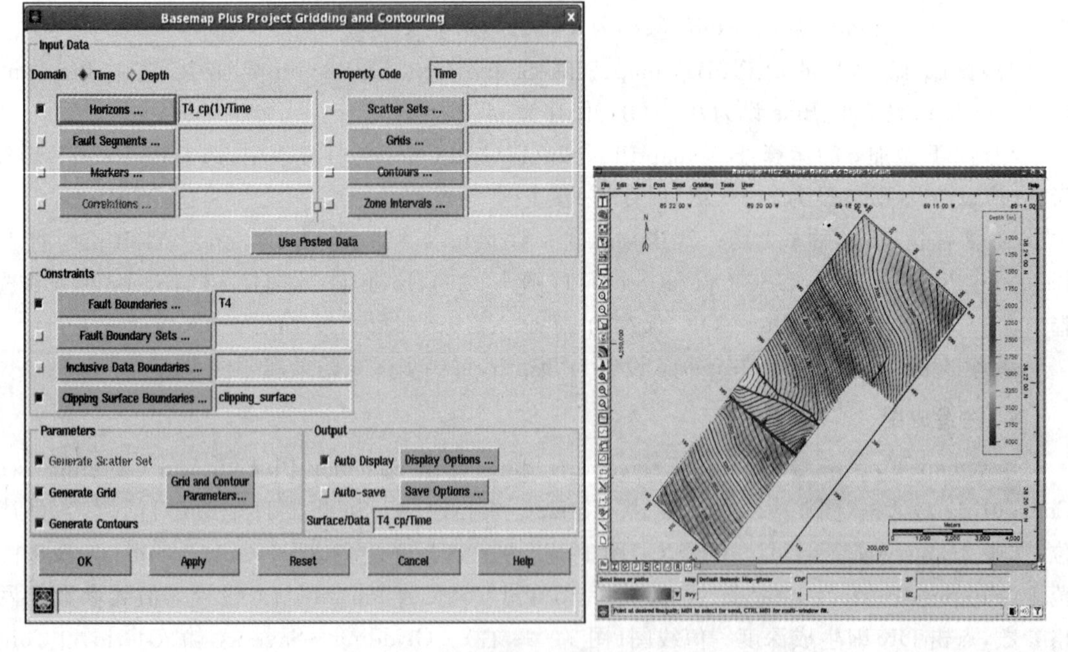

Basemap Plus Project Gridding and Contouring
Input Data
Domain Time Depth
Property Code Time
Horizons ...
T4_cp(1)/Time
Scatter Sets ...
Fault Segments ...
Grids ...
Markers ...
Contours ...
Correlations ...
Zone Intervals ...
Use Posted Data
Constraints
Fault Boundaries ...
T4
Fault Boundary Sets ...
Inclusive Data Boundaries ...
Clipping Surface Boundaries ...
clipping_surface
Parameters
Generate Scatter Set
Generate Grid
Grid and Contour Parameters...
Generate Contours
Output
Auto Display
Display Options ...
Auto-save
Save Options ...
Surface/Data T4_cp/Time
OK
Apply
Reset
Cancel
Help

图 1－29

6. 编制地层等厚度图

Basemap→Gridding→Iso Gridding，弹出 Basemap Plus Iso Griding and Contouring 对话框(图 1－30 左)，点击 Upper Surface→Seismic Horizons，选择顶界面；点击 Lower Surface→Seismic Horizons，选择底界面；点击 Clipping surface Boundary，选择成图范围并点击 OK；点击 Parameters→Grid and Contour Parameters，弹出 Basemap Plus Grid and Contour Parameters 对话框(图 1－30 右)，调整网格化参数及等值线参数，→OK 即生成地层等厚度图。Basemap→Gridding→Save as，输入名称，点击 OK 保存。

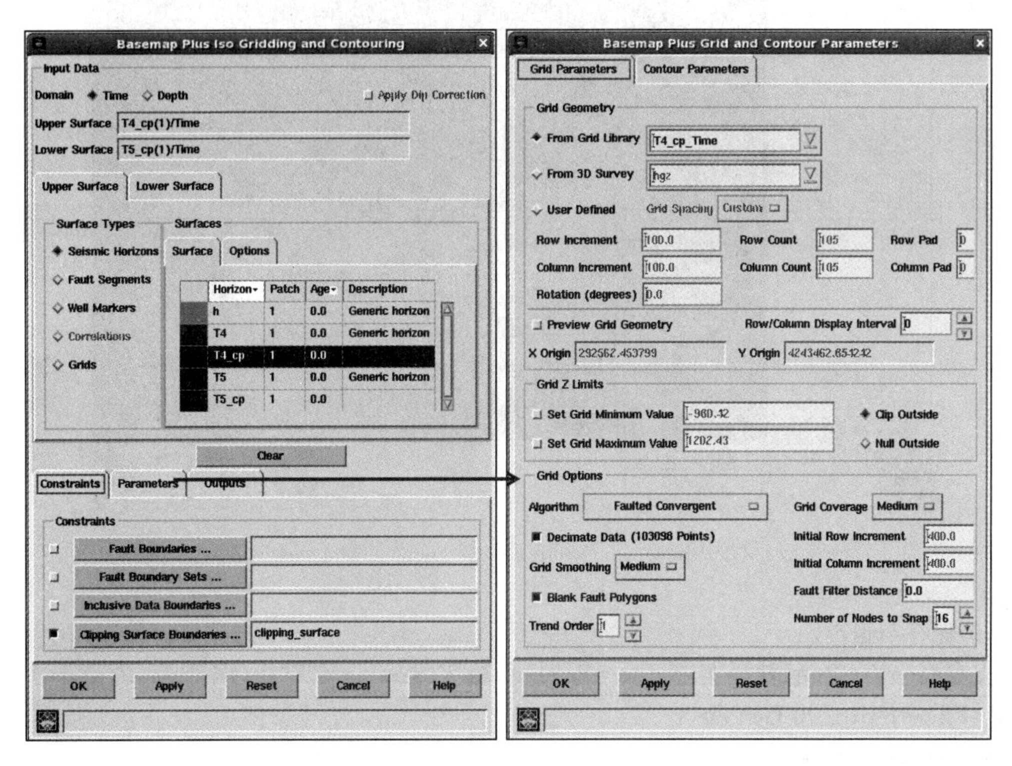

图 1－30

(六)三维可视化

简单介绍三维可视化功能树及数据显示功能。

1. 调用 GeoViz 模块

(1)运行 Geoframe4.5→选择工区→输入密码→Connect→Application Manager→Viz&Mapping→GeoViz(IESX)→Apply→OK→Launch GeoViz，弹出 GeoViz 画布(图 1－31)。

GeoViz 画布中鼠标键的使用说明：MB1：点击并按住上下移动可以实现画面的放大和缩小，左右移动则围绕纵轴旋转已显示的线框；MB2：点击并按住拖动光标实现任意方向旋转；MB3：点击并按住拖动光标时对象随着移动，注意观察线框的重新定位。

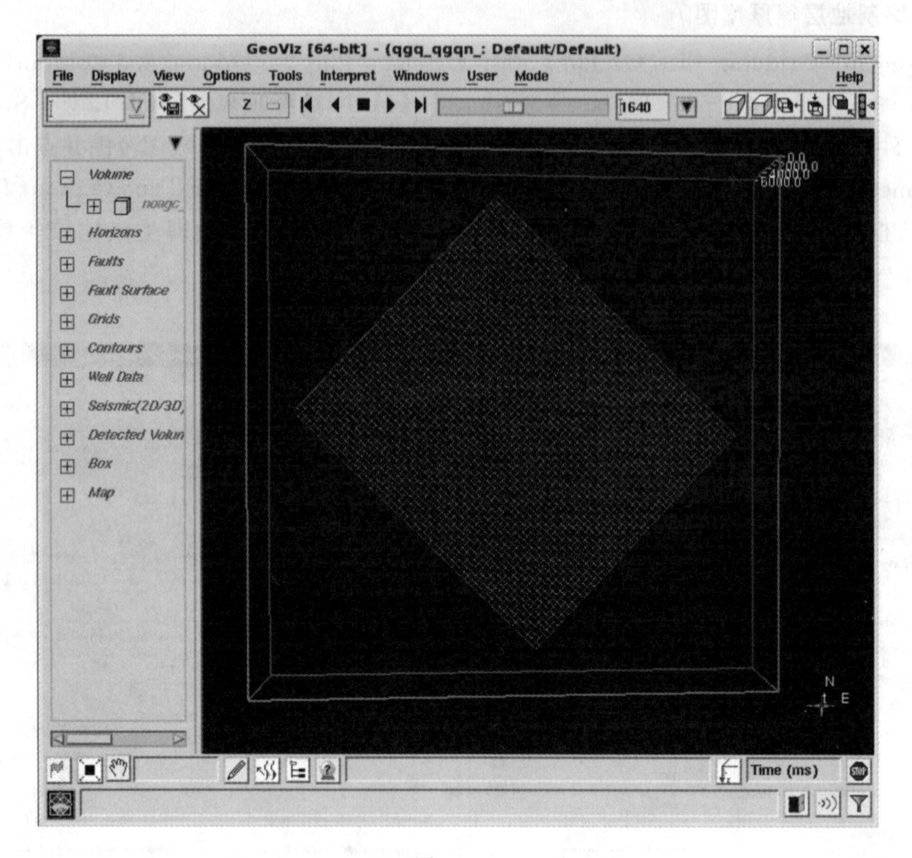

图 1-31

(2)保存与退出。

保存 GeoViz 会话：选择菜单 File→Save as，输入 Session 名字→OK 保存，方便下次运行调用。File→Exit 退出 GeoViz。

2. 数据树简介

GeoViz 数据树用于访问该模块的各种功能。GeoViz 画布左侧一栏即为 GeoViz 数据树。

在数据树中的任何一项数据项上使用 MB3 键，显示菜单选项，这些菜单选项可以应用到选定的对象上：选定单个或多个数据项类型以用于显示；查看对象的显示属性；访问解释工具；删除对象；隐藏和取消 GeoViz 画布中选定的对象。

(1)在 GeoViz 画布上分离/附加数据树。

点击 GeoViz 数据树右上角的▼图标，选择 Detach，即分离数据树与画布，可以将其移到其他屏幕上；单击数据树的右上角的▼图标，选择 Attach 即取消分离。

(2)隐藏数据树。

点击 GeoViz 数据树左下角控制条上的图标隐藏数据树，再次点击该图标取消隐藏。

(3)组织 GeoViz 数据树内容。

点击 GeoViz 数据树右上角的▼图标，选择 Organizer，弹出 Object Organizer 窗口(图 1-32)，在 Available 面板中选中一项(如 Fault Volumes)点击▶移到 Selected 面板；同理使用◀

可以将选中项从 Selected 面板中移到 Available 面板；点击 Available 面板中的 S 图标可以对选项排序；在 Selected 面板中使用▲与▼箭头调节选中项的上下位置；点击 Reset 按钮，恢复 Selected 面板；点击 OK 按钮退出 Object Organizer，返回到 GeoViz 数据树显示。

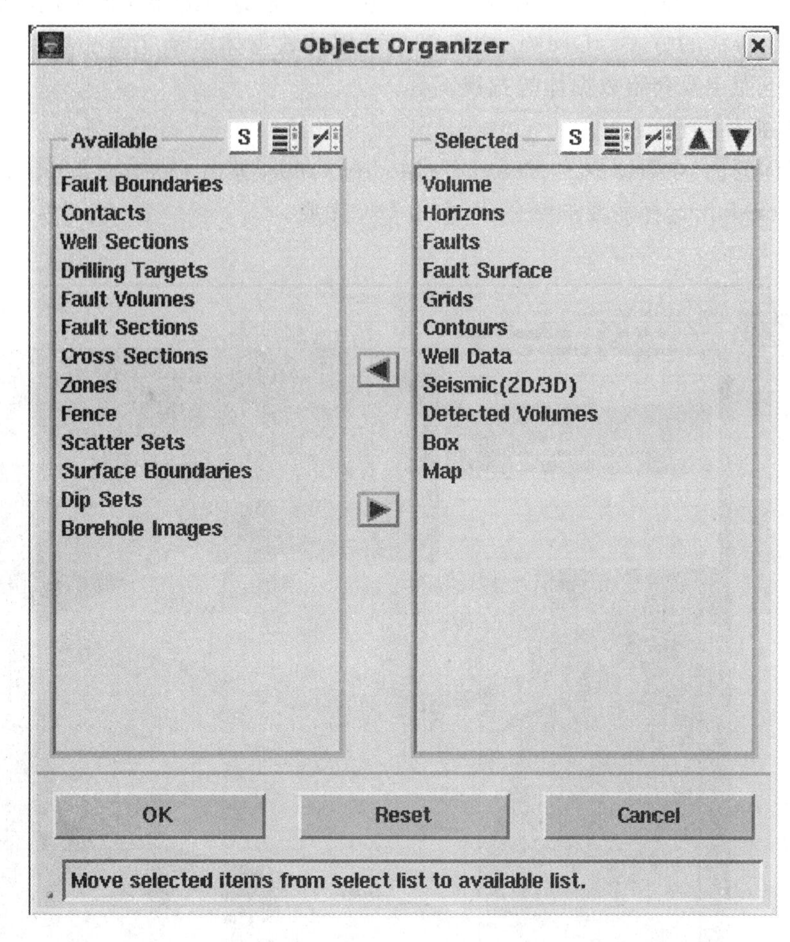

图 1-32

(4)从数据库加载数据体。

选择菜单 File→Volume Load→From Database，或者将光标放在数据树中的 Volume 上，点击右键，选择 Add→From Database，打开 Volume Load 窗口，在 3D 列表中选择工区，在 Class 列表中选择要加载的三维数据体。选择 Inline、Crossline 及时间范围，点击 OK 加载数据体。

注意加载的数据体大小最好不要超过可用内存的一半。如果数据体大于可用内存，数据体将不会被加载。

(5)显示层位、断层与井。

在数据树的 Horizons 项点击鼠标右键，选择 Display，选择要显示的层位；在 Fault 目录上点击 MB3→Display，选择要显示的断层；在 Well Data 目录上点击 MB3→Display→ Boreholes，选择需要显示的井；MB3→Display→Markers，选择需要显示的层位；MB3→View→

Wells/Markers，设置井的显示格式和 Markers 的显示，即可在 GeoViz 画布中显示层位、断层与井轨迹。

3. 数据体浏览

数据体浏览，即滚动、扫视和动画显示三维数据体，是最有效的快速探测地震数据、寻找远景区构造和地层特征的方式。GeoViz 中有两个可用的数据体滚动工具—扫视(Pan)和动画(Animation)，下面主要介绍数据体的扫视工具。

(1)修改数据体颜色。

修改数据体颜色：在数据树栏 Volume→Modify Color，弹出 Opacity Tool 对话框(图 1－33)。点击 ColorMap，选择需要的颜色棒，点击 OK 完成。

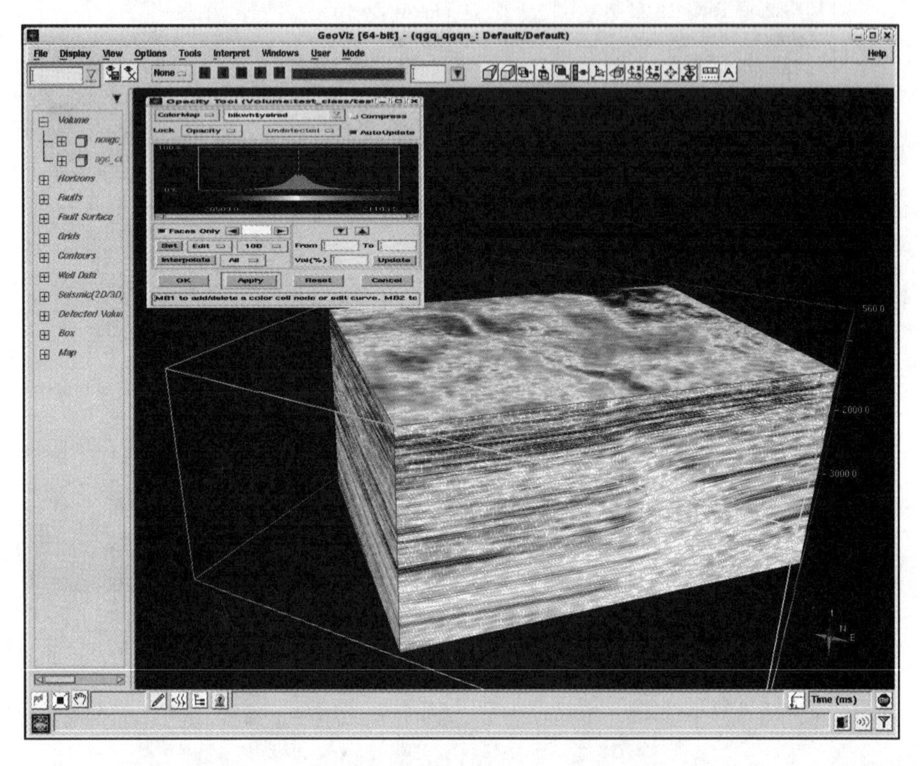

图 1－33

修改测线或切片颜色：在数据树中 Seismic(2D/3D)→View Property→Modify Colors，点击 OK，弹出 Modify Spectrum 对话框，选择需要的颜色棒，点击 OK 即可。

(2)扫视数据体。

扫视工具可以从下拉菜单、数据树或图标条开始，该工具通过五个三角形触发器、路径选择触发器控制，这些触发器位于下拉主菜单正下方的 GeoViz View 图标条上。

点击向下的箭头(▼)，打开 Pan/ Animation Option 窗口(图 1－34)，设置扫视的增量和速度，点击 OK。扫视方向和速度通过 View Icon 条上的触发器选项控制，各按钮功能描述如下：|◀按照输入的增量向后扫视；◀按照输入的速度和增量向后自动扫视；■停止自动扫视；▶按照输入的速度和增量向前自动扫视；▶|按照输入的增量向前扫视。

将扫视方式从 None 改为 Line、CDP 或 Z；使用触发器，扫视三维数据体；将扫视方式设置为 None，退出扫视模式。

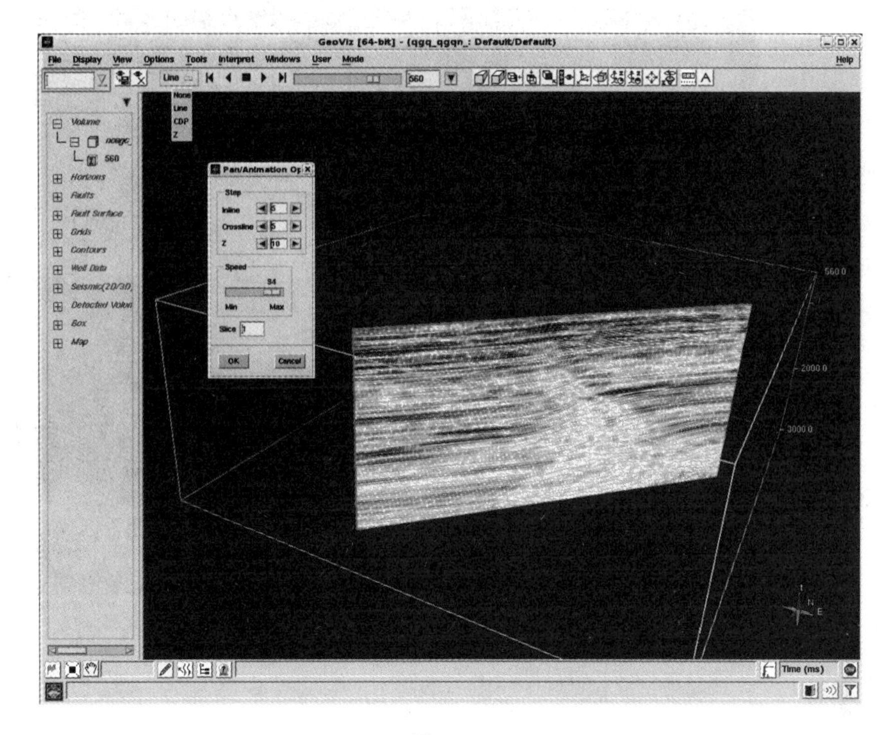

图 1 - 34

4. 数据体任意线工具

数据体任意线是数据体中的一系列相连的垂向地震剖面组成的剖面，垂向剖面之间用铰链连接。GeoViz 中的数据体任意线可以通过加载数据库中已有的任意测线来形成，也可以通过 GeoViz 加载数据体后创建。

从数据库加载已有的任意线：在 GeoViz 主界面点击 Tool→Traverse，弹出 Volume Traverse 对话框，点击 Load/Save，弹出 Traverse Path Dialog 对话框，选择任意测线及其存放的路径，点击 OK 完成。

GeoViz 中创建数据体任意线：在 Z 方向，将数据体显示设置为扫视模式；扫视数据体到特定的时间，将数据体定位在平行投影方式下，使顶视图面对你；点击 Tools→Volume→Traverse，弹出 Volume Traverse 窗口，输入 Zmin 与 Zmax 的数值；点击 Pick 按钮，在画布上任意线起点处点击左键，即创建了第一个铰链；点击 Insert 按钮，打开 Add Row 对话框，点击 Below Current Row→OK，即创建了第二个铰链；将光标挪动到铰链处，同时按住 Shift + MB2 并拖动铰链到合适的位置；依次添加铰链完成整条任意线的创建（图 1 - 35）。选中 Volume Traverse 窗口中的铰链，点击 Delete 可以删除该铰链。

对任意线的基本操作有：

保存：在 Volume Traverse 窗口中点击 Load/Save 按钮，打开 Traverse Path Dialog 窗口，输入 Traverse 名称，点击 OK 保存该任意线。

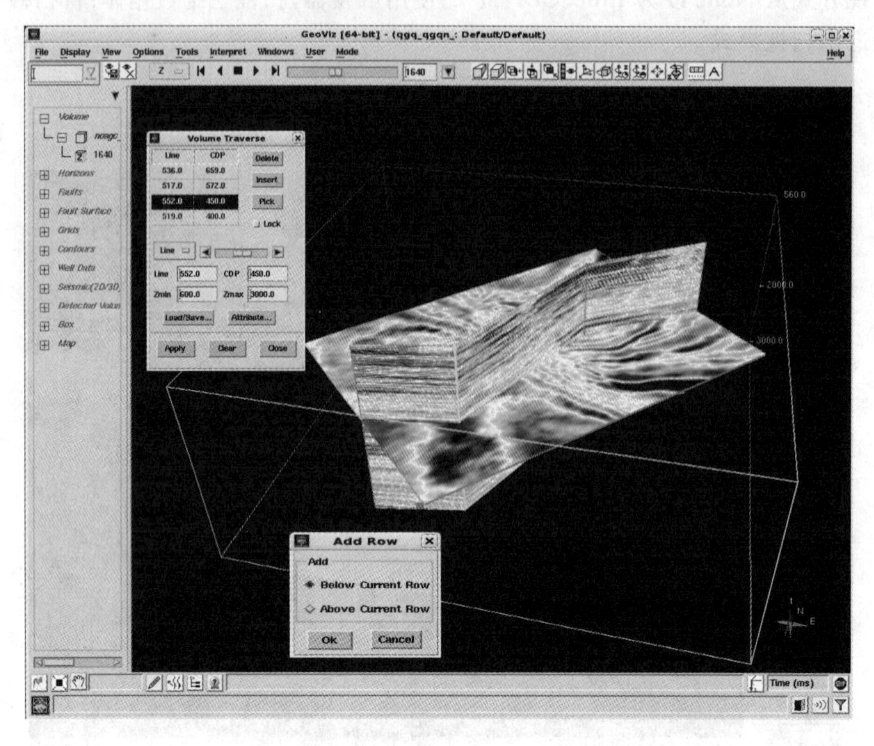

图 1-35

编辑：定位 GeoViz 画布，使你看到数据体的右边；旋转 GeoViz 画布，只到能看到任意线与切片的交线；在第二个铰链上同时摁住 Shift + MB2 进行激活，移动铰链后，旋转显示，观察构造特征。

隐藏：在 Volume Traverse 对话框点击 Clear 可以隐藏 Traverse，点击 Load/Save 重新显示。

四、课程实习内容和要求

(1)掌握构造解释方法，构造解释实际工作流程。学会基本成果图件的制作及综合解释。

(2)根据柴达木盆地 HGZ 地区相关资料，利用解释系统建立地震解释工区，标定反射标准层，解释断层、不整合等地质现象。

(3)完成 1 条地震解释深度剖面，1～2 层等 T0 图和深度图的编绘。

(4)编写实习报告。

实习二　地震资料的层序地层及沉积学解释

一、实习目的和意义

掌握地震资料的层序地层及沉积学解释基本思路，了解主要技术方法及应用条件，熟悉主要研究内容，掌握基本实现过程。

二、地震资料的层序地层及沉积学解释方法简介

（一）地震层序地层及沉积学解释技术思路

地震层序地层及沉积学解释是指：充分利用高精度地震资料，有机结合露头、岩芯、古生物、测井曲线和地化分析资料等，采用地球物理资料、计算机应用相结合的技术路线，合理、精确地建立盆地的等时层序地层格架，客观地重建和预测层序地层格架内的体系域和沉积相的分布，实现等时层序地层格架中的油气藏预测。

建立时间-地层界面与地震反射同相轴之间的关系是研究基础，可为盆地演化、区域地层对比、构造活动历史提供十分重要的依据；综合运用地震新技术新方法分析高精度地震数据，进而确定在同时代地层内的沉积体系与岩相类型，预测生油层、储集层和盖层的分布，使得开展沉积环境和岩相古地理研究成为可能。

地震层序地层及沉积学解释主要任务可以概括为以下几个方面：

(1)层序分析。

通过划分地震层序，标定地震反射层与地质层位的关系进而划分和对比沉积层序，在弄清地层横向分布规律的基础上，建立盆地内层序地层格架。

(2)沉积体系分析。

主要利用地震剖面反射结构、外形等多项参数，确定地震相类型与分布，结合已有的钻井和测井资料，将地震相转换为相应的沉积相和沉积体系。

(3)沉积结构分析。

分析地震振幅、波形、频率、速度(阻抗)和吸收衰减等地震属性与岩性和物性的关系，预测储集层的厚度、横向变化和空间展布，以及储集层物性。

(4)沉积演化分析。

借助三维可视化技术，综合分析层序地层格架及内部沉积地层沉积层序的周期性、旋回性和等时性，重建沉积体系域及其演化过程，确定其发育演化的主控因素，探讨盆地充填变化对

沉积体分布的控制作用，落实盆地生储盖配置模式，从而建立起对储集体分布具有重要预测功能的层序地层模式。

（二）基础准备

资料准备包括：

（1）选择若干条穿越盆地（凹陷）不同沉积相带并延伸至盆地边缘的基干地震剖面，剖面应经过较多的参数井或探井，并尽可能与地质露头剖面相连。

（2）高精度三维地震资料及速度资料。

（3）具有代表性的参数井和探井的钻井、测井资料、周边露头资料。

（4）古生物资料、同位素资料、地球化学资料等。

（5）区域沉积及构造资料。

（三）主要研究内容

1. 层序和体系域解释

（1）钻、测井资料层序地层解释包括：

1）利用测井曲线、岩性特征及古生物信息进行单井层序地层分析，识别出初次海（湖）泛面、最大海（湖）泛面和不整合面。

2）识别出准层序、分析准层序组合方式。

3）确定层序、体系域等地层单元。

4）不整合面特征分析。

5）判别层序类型（Ⅰ类层序、Ⅱ类层序）。

6）沉积相分析。

7）层序地层学解释的连井对比剖面。

（2）地震资料层序地层解释包括：

1）识别出地震剖面中各种地震反射终止方式，如削截、顶超、上超、下超、视削蚀等。

2）解释不整合面、初次海（湖）泛面、最大海（湖）泛面。

3）确定层序、体系域等地层单元。

（3）综合层序地层分析包括：

1）对比分析露头层序、钻井层序、地震层序划分的合理性。

2）建立综合层序地层格架。

3）建立综合层序的地震剖面控制网、连井剖面控制网。

4）以体系域（或层序）为单元的地震相分析。

5）结合钻井资料，将地震相转化为沉积相。

2. 目的层段沉积微相及高精度层序内部结构研究

（1）单井划相的要求：

1）以钻井取芯资料为基础，综合相应的录井资料，进行微相划分。

2）对同一地区、同一层段多口井岩芯和录井资料分析，建立目的层段单井相剖面及沉积微相模式图。

3)将单井相剖面及沉积微相模式图中的岩性、岩相组合等特征与相应层段的测井曲线组合特征对比,建立对应关系。

4)分析测井曲线形态以及它们纵向和平面的组合特征,判定沉积微相分布。

(2)测井相研究包括:

1)目的层段连井沉积微相对比图。

2)目的层段沉积微相图。

3)用钻、测井资料及地震信息进行储层物性预测。

(3)高精度层序内部结构研究。

1)地震波形结构,地震微相分析及与沉积微相研究

2)地震阻抗、层速度分析及其地层岩性物性特征研究。

3)地震振幅、频率、相位、吸收衰减等分析及其岩性和物性的关系研究。

4)综合确定储集层的厚度、横向变化和空间展布,以及储集层物性分布。

3. 沉积演化及综合评价分析

(1)研究盆地(凹陷)内沉积体系的时空分布规律。

(2)恢复盆地(凹陷)主要沉积时期的古沉积环境。

(3)预测生、储、盖层的分布及空间组合关系。

(4)对目的层段储层物性及横向变化、非构造圈闭的分布及含油气性等进行预测。

(5)为盆地、区带的油气评价提供基础资料。

(四)主要技术方法

用于建立地震层序、分析沉积体系、解剖沉积结构的地震技术有:地震相分析、地层切片、时频分析、地震反演、地震属性分析等。本节简介地震相、地层切片及时频分析,地震反演、地震属性分析技术等参见实习三。

1. 地震相分析技术

不同的沉积环境形成不同的沉积体,不同的沉积体在岩性、物性、含油气性方面都各不相同,反映在地震信息上就是地震波振幅、频率、相位的变化,也就是地震波形的变化。

地震相概念是指由特定的地震反射参数所限定的三维空间的地震反射单元,它是特定的沉积相或地质体的地震响应。地震相分析则是指通过地震反射的外部形态、内部结构、连续性、振幅、频率、波形和层速度等参数区分不同的地震相类型,并结合钻井、测井等资料将地震相转为相应的沉积相。

地震相分析实际上就是研究反射波的各种特征和沉积相之间的关系。地震波形特征的变化对应了地震信号物理参数的变化,它反映了地下地层或储层的岩性或物性以及流体性质的变化,而这种变化隐含在地震波形特征中。采用多种地震相分析技术,通过地震波形特征、地震属性特征的解剖分析,并结合地质、测井信息对相似的地震道赋予明确的地质含义,由地震相信息推断未知区沉积环境和沉积相类型,从而达到地层性质预测的目的。

地震相分析方法可以归为两大类,即地震波形结构(反射特征)分析法和多属性模式识别法。

地震波形结构分析法即传统地震相划分方法。通过对地震剖面上反射特征的观察和描述

来进行的。通过视觉可以分辨的波形差异有相位个数、强弱关系、相位间的宽窄以及干涉等。依据这些差异，由井出发，可将目的层段的不同特征波形进行分类，划分地震微相，进而作出宏观定性的预测。用于地震相的特征描述的参数可分为3种类型，即物理参数、地震反射构型和地震相单元边界反射结构。这些所谓的地震相参数是地震相内部那些对地震剖面的面貌有重要影响，并且具有重要沉积相意义的地震反射参数。

多属性地震相模式识别法是近年出现的新方法。随着地震资料采集技术的不断提高，使得地震剖面上包含的地震信息更加丰富。为了减少传统地震相划分方法的不确定性，提高解释精度，地震相分析已从传统“相面法”的人工肉眼定性描述，发展到借助地震数据处理和计算机技术获得多种地震相参数，开展半定量-定量地震相分析。这些地震相参数可以是反射模式、振幅、相位、频率，或地震特殊处理如地震反演、时频分析等获得的相关地震属性。地震相分类及判别采用计算机智能识别，所采用的数学方法有神经网络、聚类分析、构造属性、遗传算法、支持向量机(SVM)等一种或几种方法结合起来，相互验证，以提高地震相分析的可靠性。

地震波形分类是当前应用最广的一种地震相模式识别法。其原理是利用神经网络技术对某一层内实际地震数据道的对比、训练，模拟人脑思维方式识别不同目标的特征，得到代表地震层段中地震信号形状多样性的模型道，各典型地震道按顺序渐变排列，然后每一个道指定一个值或一种颜色，形成一组模型道，并与实际地震道对比，通过自适应实验和误差处理修整合成道，最终得到与实际地震道相关性更好的地震模型道。利用地震模型道特征对某一层间内的实际地震数据道进行逐道对比，得到地震异常平面分布规律，并在地质及井信息的约束下进行地震相划分，从而使地震相的地质意义更加明确，得出有关岩性、地层变化等定性结论。地震波形特征分析以时窗范围内地震道的波形特征作为分类的基础，综合了振幅、频率、相位等多种属性，是地震反射特征的综合反映，具有相对的稳定性。

Stratimagic是最具有代表意义的地震波形分类工业软件。是帕拉代姆公司推出的专门用于岩性解释、油藏描述、地震相分析的软件包。它运用人工神经网络分析技术，统计聚类的分级分类技术、主组分分析技术，以及层位尖灭识别等先进的技术和方法对地震属性及所反映的地质特征进行分析解释。人工神经网络地震相检测技术就是通过对不同的波形进行分类，达到区分不同沉积体的目的，从而具有一定的指相意义。

Stratimagic的分类处理就是将地震数据样点值的变化转换成地震道形状的变化，道形状分类代表了地震信号真实的横向异常。通过自组织的神经网络计算，首先得到模型道，这些模型道代表了在地震层段中整个区域内的地震信号形状的多样性。再利用地震道形状即波形特征对某一层间(Interval)内的实际地震数据道进行逐道对比，细致刻画地震信号的横向变化，从而得到地震异常平面分布规律即地震相图。

与传统地震相分析相比，该方法具有3个特点：①在地震相分类时不需要井资料，只用地震资料就可以完成波形及地震相分类；将地震相转变为沉积相时需要已知点的沉积相对地震相进行地质含义的标定。②可以快速地对不同时窗进行分析，快速扫描整个数据，快速确定目标区，并对其进行更详细的地震相分析研究。③具有定量性和客观性。

分析步骤在实施过程中时窗选取、模型道创建及地震相成图中的数据量选择、分类数确定、迭代次数选择等，是地震波形分类技术能获得最佳效果的关键。

2. 地层切片技术

三维地震数据出现时便有了“地震切片”的概念，即时间切片(等时切片)和沿层切片(水平切片)。时间切片是沿某一固定的地震旅行时对地震数据体进行切片显示,切片方向垂直于时间轴的方向;沿层切片则是沿某一个反射界面平行切出的切片,即沿着或平行于追踪地震同相轴所得的层位进行切片。后者可以有时间厚度。沉积学家引入"地层切片"概念,实质上是考虑了沉积速率随平面位置的变化,对沿层切片赋予等时特性,它以解释的两个等时界面为顶底,在地层的顶底界面间按照厚度等比例内插出一系列的层面,沿这些内插出的层面逐一生成切片,这种切片比时间切片和沿层切片更接近等时沉积面,从而使得应用地震切片图描述沉积特征成为可能。

在地质时间面上显示地震属性是地震沉积学研究的基本方法,但是,要在切片上很好地描述储层形态有很严格的条件限制,即切片必须在一个地质时间相同的地震同相轴上提取,而且在分辨率许可下保证切片地震属性的保真性。由三维地震数据(包括原始地震数据体、各种地震属性体、波阻抗数据体等)产生一个地层切片体的步骤如下:

(1)选取与地质等时界面相当或平行的参考地震同相轴,一般情况下,可以选择对应于最大洪泛面和层序边界的地震同相轴,进行区域性地质界面的拾取和追踪,构成年代地层的几何框架模型。这一点与层序地层学中构建层序地层格架的方法是一样的。

(2)在年代地层的几何框架模型中使用线性内插函数作内插,以建立一个地层时代模型来近似表述真实的地层时代构造。这时三维数据的 XY 坐标系有地层时代模型含义,而 Z 坐标便是相对地质年代。

(3)从正常的三维地震数据体中提取年代地层模型中每个等时切片对应的各种地震属性值,生成地震属性的地层切片体,或在切片之间进行波形分类和聚类及其他地震属性的计算与提取。

3. 时频分析技术

信号处理中时频分析(JTFA)即时频联合域分析(Joint Time - Frequency Analysis)的简称,作为分析时变非平稳信号的有力工具,成为现代信号处理研究的一个热点,近年来受到越来越多的重视。时频分析方法提供了时间域与频率域的联合分布信息,清楚地描述了信号频率随时间变化的关系。

地下地层是非完全弹性介质,地震波在其中传播会产生散射、吸收衰减等,这些都与频率相关,地震信号的功率谱密度是时变的,因此严格意义上属于非平稳信号。勘探地震数据的时频分析,是通过对地震记录进行频率扫描,了解反射波的各个频率的能量分布情况及频带的宽度,确定频带范围,然后按反射波在频带内的能量分布,确定各个频带。这种采用时频分析技术的地震分频处理方法,不仅能够实现对地震数据的频率特性分析,而且还可以细致地分析地震信号的时变特性,揭示地震数据的内部信息,更有利于实现地震数据的精细处理。同时得到地震数据的瞬时属性参数和吸收系数 Q,形成新的地震属性剖面。这种非常规处理方法在地震波能量衰减补偿、时变滤波、层序检测、提高地震分辨率、地震频谱分解、地震旋回分析、瞬时属性提取等方面得到了较好应用。

地层旋回性是随海(湖)平面升降变化而形成的地层响应。由于构造运动具有周期性,海(湖)平面有规律的升降使地层在沉积特征上也具有相应的韵律性和旋回性。这种旋回性与时频特征的方向性基本相一致。因此,对地震记录进行时频特征分析,将沉积旋回体与地震资料的时频特征建立起联系,根据时频特征可以进行地层旋回性的分析和解释。即在地震剖面上形象地划分旋回性层理结构、恢复古地貌,以此来分析沉积环境、推测物源方向,为开展精细的油藏描述提供可靠的手段。

目前获取地震时频分布的方法有很多种，包括短时傅立叶变换（STFT，Short Time Fourier Transform）、小波变换（WT，Wavelet Transform）、S变换（S Transform）、平滑伪Wigner分布（smoothed pesudo - Wigner distribution）、希尔伯特黄变换（HHT，Hilbert - Huang Transform）、锥型核时频分布（cone - kernel time - frequency distribution）、AOK分布（adaptive optimum kernel time - frequency representation）等。

（五）主要成果图件

层序地层研究主要可包括如下图件：有条件时可作年代地层图、区域海（湖）平面相对变化周期图、层序（体系域）层速度平面图、层序（体系域）砂泥岩百分比图、层序（体系域）地层视厚度图、层序（体系域）地震相分布图、层序（体系域）沉积相（体系）图、目的层段储层物性预测图、烃源岩分布预测图、有利储层分布预测图、有利盖层分布图、有利勘探区带预测图。

三、工作站操作指南

叠后地震反演及地震属性分析工作站操作流程参见实习三。

四、课程实习内容和要求

(1)掌握地震层序建立的基本方法。

(2)掌握地层切片的基本概念，学会多属性地层切片的获取及分析方法。

(3)应用实际三维地震资料，制作一张波形分类平面图，并分析其地震相及沉积相特征。

(4)编写实习报告。

实习三　地震资料的储层预测研究

一、实习目的和意义

掌握地震储层预测的基本思路，了解主要方法技术及应用条件，了解主要研究内容及实现过程。

二、地震资料的储层预测技术方法简介

（一）地震储层预测技术思路

运用储层地质学及地球物理学原理，以地震信息为主要依据，综合利用岩芯、录井、测井、实验及测试等资料，描述和确定储集层发育的储集相带特征和类型、储层的分布范围和几何形态、储层内部物性变化、储层孔隙流体压力分布特征及含油气特征等储层参数，在钻前对储集层的类型和质量作出评价和预测。

（二）基础资料

地震信息为主要依据，综合利用其他资料（地质、测井、岩石物理等）作为约束。具体基础资料包括相对保持振幅处理的地震资料、VSP 资料、测井资料、测井储（油）层参数处理成果资料及解释成果资料、岩芯测定的物性参数、钻井、录井、试油等。

（三）主要研究内容

（1）层位标定：确定研究区标志层反射结构特征，利用合成地震记录或 VSP 资料研究储层的地震响应特征，并进行储层标定。

（2）正演模型的应用：利用正演模型对储层的反射特征进行研究，指导储层预测或验证其解释结果。

（3）测井资料预处理及储层参数敏感性分析：地震反演前应对工区内参加反演的测井曲线进行归一化（标准化）处理，并对储层参数进行敏感性分析。

（4）储层的几何形态描述：利用地震资料，结合测井、钻井资料对储层的空间几何形态作出描述，包括储层的顶面形态、底面形态、储层厚度、有效储层厚度等。

（5）储层物性参数预测：综合利用测井资料、岩芯分析资料、地震属性及反演等成果，采用

合适的方法对储层物性参数作出预测。

(6)储层的含油气性或含油气范围的预测:综合利用测井解释成果、试油成果、反演成果及地震属性,采用适合目标区的预测方法对含油气范围或地质目标的含油气性作出预测。

(四)主要技术方法

1. 叠后地震反演

概括来说,地震反演理论是指把地震学中的观测数据映射到相应的地球物理模型的理论和方法。利用叠后地震数据反推地下波阻抗或速度分布,估算储层参数,并进行储层预测和油藏描述的方法即为叠后地震反演。

地震反演技术一直是地震勘探中的一项核心技术,其实质是以地震数据为基础,以已知地质规律和地质、钻井、录井、测井等资料为约束,对地下岩层空间结构和物理性质进行成像求解。

叠后地震反演通常特指波阻抗反演。目的是用地震反射资料反推地下的波阻抗的分布,将常规界面型反射剖面转换成更好反应岩性的波阻抗剖面,使地震资料能与钻井资料直接对比。

约束条件应用是地震反演的关键,可以很好地帮助解决反演固有的多解和无解问题。测井资料及地质规律的约束,使得地震反演成果充分利用了测井资料丰富的低频信息及地震高覆盖横向预测性强的优势,减少解释风险,获取符合实际地下情况的三维地质模型,并且使得薄层或薄互层的砂体或特殊储集体的识别成为可能。

当前广泛应用的JASON地学综合研究平台(JASON GEOSCIENCE WORKBENCH)是集地震、地质、测井资料为一体的综合分析研究平台,它可满足油气勘探开发不同阶段对储层的油气藏定量研究的需求。该系统建立在开放式系统综合平台上,采用信息融合技术把地震、测井、地质等多元地学信息统一到同一模型上,实现各类信息在模型空间的有机融合,提高了反演的信息使用量、信息匹配精度和反演结果的置信度。

JASON软件的重要特点就是随着越来越多的非地震信息(测井、测试、地质)的引入,由地震数据推演的油气藏参数模型的分辨率和细节会得到不断改善。

地震反演关键技术主要包括以下内容:

(1)基于信息融合理论的拟声波曲线构建技术。利用反映地层和岩性变化比较敏感的测井曲线构建具有声波量纲的拟声波曲线。

(2)子波反演和层位标定交互迭代扫描技术。准确架设测井数据与地震数据之间的关系,提高测井数据与地震数据之间的匹配度。

(3)基于协同克里金、分形理论和地震波形相似分析方法的复杂地质建模技术。该技术使所建立的模型完全保留储层构造沉积和地层学的空变特征;基于协同高斯克里金法的协同建模技术使测井数据与地震数据达到最佳匹配效果,更好地反映空间各向异性。

(4)递归法带限地震反演技术。采用递归法进行带限地震反演,充分利用地震数据所包含的信息。

(5)全局寻优的宽带约束反演技术。采用全局寻优技术求解宽带约束反演问题,使地震反演无论在勘探初期只有少量钻井,或在开发阶段有很多钻井的情况下,都可以得到相应的高分辨率反演结果。

(6)面向地质目标的信息融合技术。对储层进行综合预测,获取地质目标信息融合参数(概率)剖面。

(7)岩性体空变自动解释技术。用户可以在三维地震数据体中采用全自动方式解释岩性体,也可以在地震反演的储层参数剖面上,用自动和交互结合的方式直接解释岩性体,并提取储集体参数,如砂体厚度、孔隙度等。

(8)基于局部构造熵的地震不连续性检测技术。针对传统地震相干算法的不足,采用了基于局部构造熵的地震不连续性检测技术,具有抗干扰能力强、分辨率高等优点。

(9)二维拟三维建模技术。将二维地震测线看作三维工区中的一条线,进行拟三维工区整体建模和反演,大大提高了二维地震反演的信息使用量、信息匹配精度和反演结果的分辨率和闭合性。

(10)地震闭合差最优化校正技术。消除地震资料交点处的振幅、时间和相位的不闭合现象。

2. 地震属性分析

地震属性是指从地震数据中导出的关于地震波的几何学、运动学、动力学及统计特性的特殊度量值,包括振幅、频率、相位、能量、波形和比率等几大类。广义上说,时间属性、地震反演、AVO分析、相干体技术、频谱分解、吸收衰减分析等获取的阻抗、频谱、吸收系数等可归为地震属性。

地震属性分析则是以地震属性为载体,从地震资料中提取隐藏的信息,并结合钻井、测井、录井、动态等资料,从不同角度分析各种地震信息在空间上和时间上的变化,以揭示出原始地震剖面中不易被发现的地质异常现象,包括地层岩性解释、构造解释、储层评价、油藏特征描述以及油藏流体动态检测或其他油藏工程应用等。

地震属性分析的目的是把地震属性转换成与岩性、物性或油藏参数相关的、可以为地质解释或油藏开发直接服务的信息,从而达到充分发挥地震资料潜力,提高地震资料在储层预测、表征和监测方面的能力。它由三个部分的内容组成,即地震属性的提取、优化和预测。预测既可以是岩相、岩性、物性及流体性质的预测,也可以是油藏动态监测与模型的预测。

地震属性分析(技术)的主要研究内容:

(1)地震属性的提取(计算)及解释性处理,包括地震速度分析、波阻抗反演、AVO分析等。

(2)地震属性的优化与分析,地震属性的标定。用测井特性进行地震属性标定,通常采用地质统计、神经网络、多次回归等多种方法建立测井数据与地震数据相关关系,预测地下地质特性,用地震模拟检验预测的可信性。

(3)地震属性的解释,包括单属性解释和多属性解释,单属性解释是将地震属性转换成储层特性,如属性-孔隙度转换、属性-流体饱和度转换、属性-岩性转换、属性-渗透率转换、地震-测井属性的地质统计分布、属性派生的储层特性的2D/3D制图;多属性解释是按属性对研究目标体的敏感程度进行区分,选择那些对储层流体较敏感的属性制作流体分布图或进行预测。

地震属性广泛地应用于隐蔽油气藏的储层预测与含油性检测之中,但几乎没有通用的方法。因此,要对某个地区进行隐蔽油气藏的预测,必须深入研究本地区的地质、地震和测井资料,结合该区的实际情况,分析地球物理资料的具体特征,并且定量描述这些特征,研究出适合该区的隐蔽油气藏的预测方法。

3. 相干体技术

“相干”是指多道间相似程度的一种度量。地震相干体解释技术是近年发展起来的一项功能强大的地震属性分析技术。其核心是通过地震道的相似性分析,将三维地震数据体转化为相关系数数据体,突出不相干的地震数据。该技术主要通过相干体的等时切片和沿层切片方式,研究地质构造、沉积环境、隐蔽油气藏,确定与储层有关的断裂带、微小断裂及裂缝发育带的情况。

算法是相干体技术的关键,主要算法有互相关算法、道相似算法、本征结构算法及协方差矩阵法,并从时域发展到频域。对于不同的解释目的,可以选择效率和精度合适的算法,得到的相干体可以为地震解释提供丰富的信息。

相干数据体的解释步骤一般包括:

(1)在相干数据体上进行浏览,作小断层以及特殊岩性体的调查,了解其空间分布,这项工作不需要进行地震反射层位的解释就可实现。一般地说,高连续性数据对应连续的地层;中等宽连续性数据对应层序特征,如海侵/海退序列;窄条带低连续性数据对应断层、岩性的变化或特殊岩性体的边界;宽条带低连续性数据对应数据质量不好或无反射层位。

(2)对相干数据体切片进行解释,在相干数据体切片上对不相干数据带进行解释。

(3)理清地层关系,分析工区内影响地震反射波连续性的因素,并结合地震测线、地质、测井资料对相干体数据进行综合解释。

在相干切片上可以看到普通切片不易识别的异常。尤其是地质异常与地层走向接近时,普通水平切片很难发现,而相干体水平切片仍然有清晰的显示。相干体技术通过高灵敏度的相干性变化检测,确定地质异常体,直观地描述断层及裂缝的分布规律和延展形态,清晰地确定河道水系的形态、储层的轮廓以及储层内部的非均匀性。相干体技术在解释中特有的优势是把不同间隔的相干体水平切片叠合在一起,可以追踪断层面从浅到深的变化,而不要求直接获得断层面的反射。

4. 频谱分解技术

频谱分解(分频解释)技术是沿着目的储层或固定时窗对地震反射成分中各种频率成分对应的调谐能量进行识别成像,以此刻画薄储层时间厚度和地质体的非连续性,从而寻找岩性油气藏边界的一项技术。该方法有效地避免了常规属性分析的调谐陷阱,提高了薄储层识别能力,能更客观地反映地质体外形,对于砂岩储层预测意义重大。

频谱分解的出发点是每个薄层产生的地震反射在频率域都有一个与之对应的频率成分,该频率成分可以指示薄层的时间厚度。谱分解技术通过将时间域地震信息变换到频率域,仅使用与相位无关的振幅谱进行厚度预测,使得对薄层厚度的估算更加可靠。实际上地震波常常是多个薄层的综合响应,但薄互层组产生的复杂的调谐反射在频率域却是唯一的,调谐反射振幅谱的干涉图定义了合成该反射的单个薄层间的声波特性关系,即薄层顶、底反射界面的反射系数的干涉结果在振幅谱中出现频陷,通过振幅谱频陷曲线可以识别薄层厚度的变化,振幅频陷周期频率进一步确定薄层厚度。同样相位谱上相位的不稳定性可以识别地层横向上的不连续性。该方法在确定有效储层分布、计算储层厚度方面比传统分频研究方法具有独特的优势。由于该技术可提取地震资料有效带宽范围内所有离散频率对应的调谐振幅，解释人员就能以交互、动态的方式分析振幅谱和相位谱上相关的干涉现象，研究薄层在纵横向上的连续变化，对工区中地下岩层的变化进行快速有效的定量识别和成图。

5. AVO 技术

AVO(Amplitude Versus Offset)技术是利用地震叠前 CDP(CMP)道集，分析振幅随偏移距的变化规律，估算界面泊松比，推断地层岩性、物性及孔隙流体性质的特殊地震处理解释技术。AVO 在反演岩石弹性参数、预测裂缝发育方面有着广阔的应用前景。

实际应用中，通过分析储层界面上的反射波振幅随炮检距的变化规律，或通过计算反射波振幅随其入射角 θ 的变化参数，估算界面上的 AVO 属性参数(AVO 截距 P 和 AVO 斜率 G)、泊松比和流体因子等，进一步推断储层的岩性、物性和孔隙流体性质。

AVO 技术的应用包括 AVO 正演、AVO 属性分析、叠前反演。

(1)AVO 正演。

岩石物理学是研究油藏条件下和采油过程中流体与岩石的特征改变量及其对地震特性的影响的学科。它是连接地震与油藏工程的纽带，也是把地震特征转换为油藏特征的物理基础。AVO 正演模拟即基于岩石物理学原理，建立岩石物理参数与 AVO 响应联系，正演计算已知岩石骨架性质和流体饱和度条件下的岩石有效弹性模量，进而预测纵横波参数以及泊松比，降低 AVO 分析的风险。

(2)AVO 属性分析。

AVO 交会分析能突出由烃类因素引起的异常现象，P－G 交会图是一种理想的检测与岩性及不同流体类型相关的 AVO 响应差异的方法。同时可以根据 P－G 交会图的特征将砂岩分类，分析它们的物性特征，确定其是否为有利的油气储层。

对 AVO 分析来说，P－G 交会图是既简洁又明显的表征方法。在反射界面上振幅随炮检距的变化可以在 P－G 交会图上以单个点的形式显示出来。交会图能显示出大量的信息，并且可以观察到其他常规的振幅炮检距变化交会图上不能观察到的数据趋势。

(3)AVO 反演。

AVO 反演即叠前反演(pre_stack inversion)，也被称为 AVO、AVA、EI 反演。该技术是由 BP 公司 patrick 在 1999 年提出的。它是 BP 公司 20 世纪 90 年代在勘探开发大西洋海上油田时发展的一种 AVO 反演技术，是将叠前 AVO 属性整合到反演流程中，并将地震、测井、地质等多尺度信息作为软约束条件参与反演的方法。应用迭代算法，同时反演出与岩性和含油气性相关的纵波阻抗、横波阻抗和密度等多种弹性参数，综合判别储层物性和含油气性，降低单纯利用纵波阻抗反演的非唯一性，增强反演结果的稳定性和可靠性。

叠前反演本质是考虑了 AVO 效应的波阻抗反演方法。利用叠前偏移后道集数据以及纵波、横波速度、密度等测井资料，联合反演出多种岩石物理参数，如纵波阻抗、横波阻抗、纵横波速度比、泊松比等，来综合判别储层岩性、物性及含油气性的一种新技术。按反演方法可以分为旅行时法和振幅法，目前常用的是振幅法，其基础理论来自 Zoppritz 方程的矩阵表达式。

叠前反演的关键技术是井的弹性阻抗曲线拟合和子波提取，弹性阻抗曲线直接影响低频模型的建立和子波的提取。目前多数地区没有横波测井资料，需要人工合成横波测井曲线，这就需要认真研究本地区岩石弹性参数，通过岩石弹性参数、泥质含量曲线、孔隙度、含水饱和度等计算出横波阻抗曲线。地震子波直接影响地震反演的正确性，子波提取要注意下面几个问题：子波的长度（保证一个主峰，两个旁瓣）；估算子波的时窗（至少是子波长度的三倍以上，边界不要卡在强轴上）；兼顾子波的波形及频谱（振幅谱、相位谱），特别要注意在地震主频带内，相位接近常相位；多井提取的子波要比较接近。以上关键步骤的完成为高质量的反演结果奠定了坚实基础。

（五）主要成果图件

地震储层预测的主要图件有：

（1）精细储层标定图。

（2）大比例尺的储层（组）顶面构造图（或深度图），必要时需作出底面构造图（或深度图）

（3）归一化处理前、后测井资料直方图。

（4）波阻抗初始模型连井剖面图，波阻抗平面分布图（三维地震）。

（5）地震属性图。

（6）相干分析图件。

（7）频谱分解图。

（8）岩石物理分析交会图（仅适用于叠前反演）。

（9）目的层弹性参数平面图（仅适用于叠前反演）。

（10）目的层储层参数平面图。

（11）储层（组）厚度图、净产层厚度图、有效储层厚度图。

（12）油藏剖面（或油藏模式）图。

（13）含油气范围预测图。

三、工作站操作指南

本实习教程主要介绍叠后地震反演及地震单属性分析工作站操作流程。

（一）叠后地震反演操作指南

Jason 工作平台（JWD）主要模块及功能简介如表 3－1。本实习简单介绍三维工区约束稀疏脉冲反演操作流程，涉及 JWD 的 Environment、Wavelets、EarthModel、InverTrace、FunctionMod 等模块的调用。实现反演的基本流程：创建工区→加载数据（地震、测井、地质等）数据→反演可行性分析→估算地震子波→构建低频模型→CSSI 反演→反演结果质控与解释。

1. 建立工区

（1）创建工区。双击 JWD 图标启动软件，点击 File→Select project→List，出现 Select project directory 界面（图 3－1），填写工区路径及名称，→OK→Yes→Yes，单位设置为米，→OK。

表 3-1　JASON 软件主要模块功能简介表

主要模块	功能简介
Environment	运行环境及分析工具：数据的输入输出，各种数据、各种方式的显示，合成记录解释，合成记录制作，地震解释，数据分析，属性提取，沿层切片与运算功能等
VelMod	速度建模：在地质框架模型的控制下，利用地震叠加速度建立三维速度模型；时深转换；深时转换；建立阻抗的低频模型
Wavelets	多方法估算地震子波
EarthModel	地质框架模型：构建以层位为基础的地层框架模型；生成以地层框架模型为基础的测井曲线内插模型；提供用于地震反演的低频模型
InverTrace	地震反演储层/油气藏描述：地质框架模型控制下的测井资料（声阻抗）约束反演；反演声阻抗为基础的油气藏定量描述
InverMod	精细储层/油气藏描述：地质框架模型控制下的以地震资料为约束，测井资料为主体的储层油气藏定量描述技术。提供以测井资料为基础的属性数据体（如声波、阻抗、孔隙度、自然伽马等），得到高分辨率（横向和纵向）的储层/油气藏模型
StatMod	地质统计随机模拟与随机反演（地质反演）：以地质模型、测井资料、地震资料为基础，以层为单位，利用储层/油气藏参数的空间分布规律和空间相关性进行随机模拟/随机反演，生成地震储层/油气藏预测模型；估算各种参数的不确定性，提供参数模拟的可靠性评定；地质统计分析（油气藏参数的空间分布规律直方图，油气藏参数的空间相关性变差图分析）；各种随机模拟与随机反演的算法
FunctionMod	数据分析变换工具
Largo	测井曲线计算（合成）及分析：测井曲线分析；计算横波测井资料；提供测井曲线流体判别准则
RockTrace	弹性反演：地震的纵波阻抗、横波阻抗和密度的同时反演；弹性阻抗反演；岩性和流体的预测

(2)建立工区测网。第一步：JWD 主界面→Utilities→ Project Management→Project coordinate，出现 Project Coordinates 界面（图 3-2），Edit→Define new grid，填写 survey 名及工区范围，点击 Create grid，点击 Cancel 退出。

第二步：编辑测网坐标。Project coordinates 界面下（图 3-3），Edit→Edit XY Coordinates→Set Tracegate→Select volume，选中已创建的 survey，点击 OK 回到 Edit XY Coordinates 界面；选中 interpolate from corners，点击 Set corners 填写工区三点坐标。→OK→Make XY 完成。

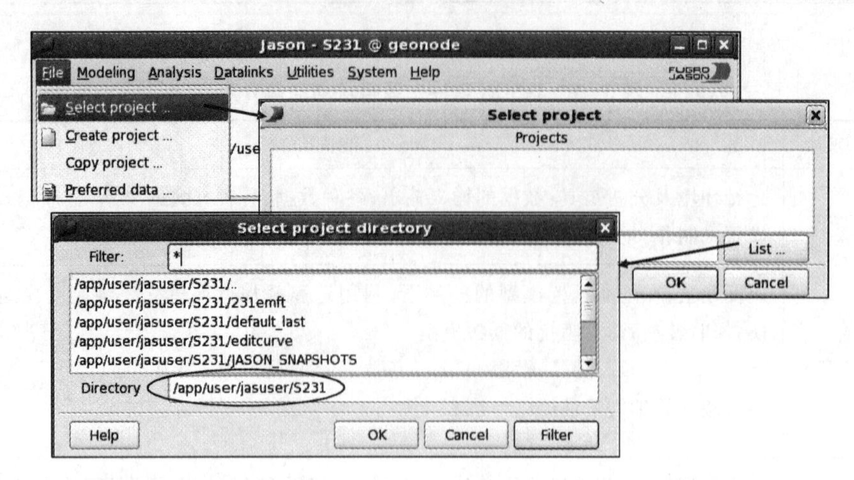
Jason - S231 @ geonode
File Modeling Analysis Datalinks Utilities System Help
Select project ...
Create project ...
Copy project ...
Preferred data ...
Select project
Projects
List ...
OK
Cancel
Select project directory
Filter:
/app/user/jasuser/S231/..
/app/user/jasuser/S231/231emft
/app/user/jasuser/S231/default_last
/app/user/jasuser/S231/editcurve
/app/user/jasuser/S231/JASON_SNAPSHOTS
Directory
/app/user/jasuser/S231
Help
OK
Cancel
Filter

图 3-1

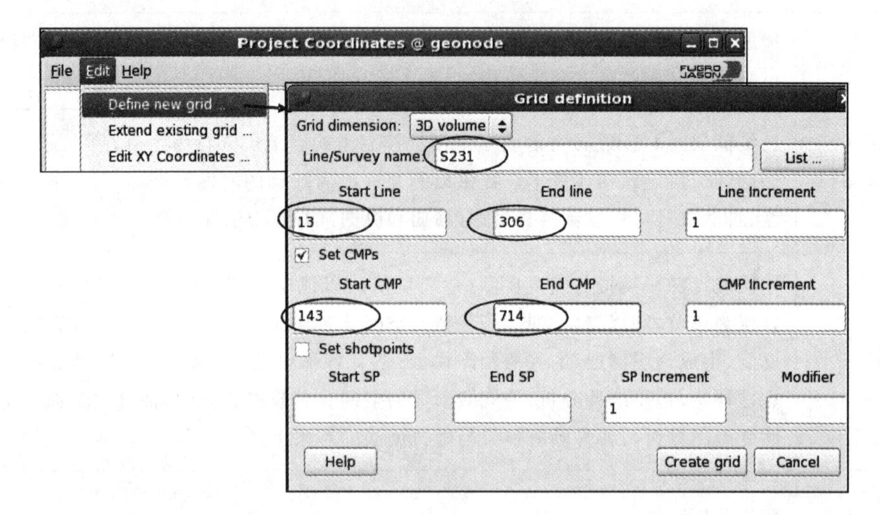
Project Coordinates @ geonode
File Edit Help
Define new grid ...
Extend existing grid ...
Edit XY Coordinates ...
Grid definition
Grid dimension:
3D volume
Line/Survey name
S231
List ...
Start Line
End line
Line Increment
13
306
1
Set CMPs
Start CMP
End CMP
CMP Increment
143
714
1
Set shotpoints
Start SP
End SP
SP Increment
Modifier
1
Help
Create grid
Cancel

图 3-2

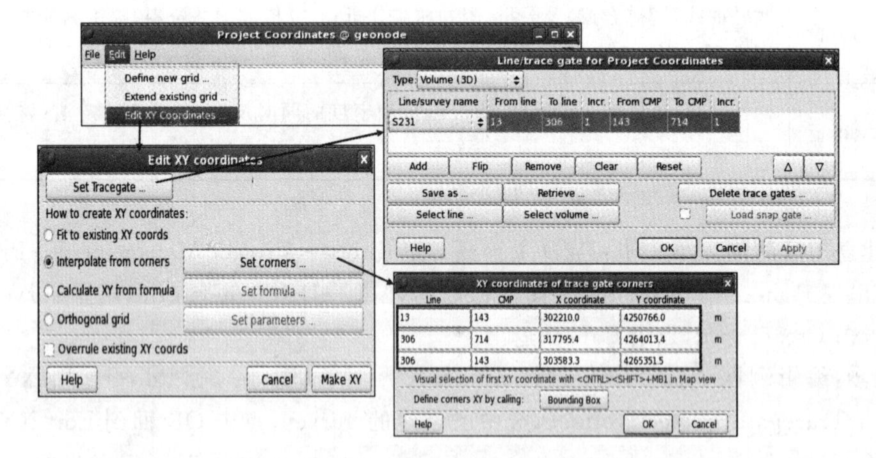
Project Coordinates @ geonode
Define new grid ...
Extend existing grid ...
Edit XY Coordinates
Line/trace gate for Project Coordinates
Type Volume (3D)
Line/survey name
From line
To line
Incr.
From CMP
To CMP
Incr.
S231
Add
Flip
Remove
Clear
Reset
Save as ...
Retrieve ...
Delete trace gates ...
Select line ...
Select volume ...
Load snap gate ...
Help
OK
Cancel
Apply
Edit XY coordinates
Set Tracegate ...
How to create XY coordinates:
Fit to existing XY coords
Interpolate from corners
Set corners ...
Calculate XY from formula
Set formula ...
Orthogonal grid
Set parameters ...
Overrule existing XY coords
Help
Cancel
Make XY
XY coordinates of trace gate corners
Line
CMP
X coordinate
Y coordinate
302210.0
4250766.0
317795.4
4264013.4
303583.3
4265351.5
Define corners XY by calling:
Bounding Box
Help
OK
Cancel

图 3-3

2. 加载数据

数据加载均通过 JWD 主界面下的 Datalinks 实现(图 3－4)。Datalinks 与 Landmark 和 Geoquest 系统可以连接,实现各种类型数据同时加载。

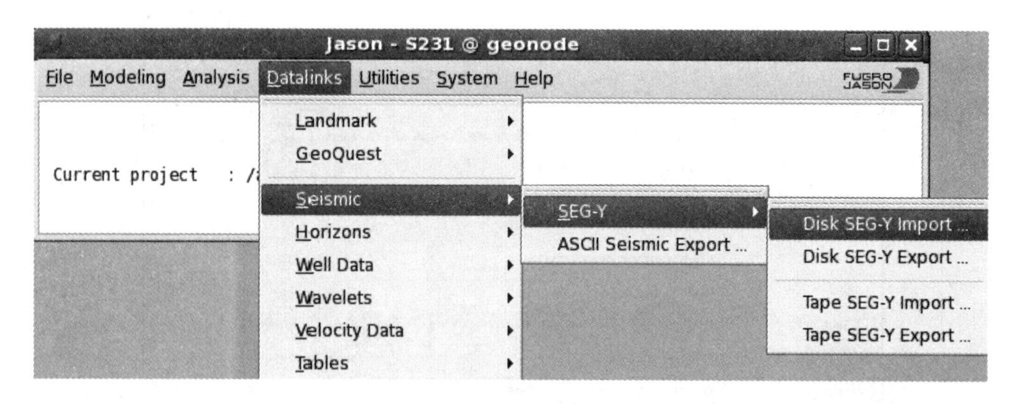

图 3－4

(1)地震数据的加载。

Datalinks→Seismic→SEG－Y→Disk SEG－Y Import,打开 Disk SEG－Y Import 界面(图 3－5),通过下面 1)～6)的操作,实现地震数据的加载。

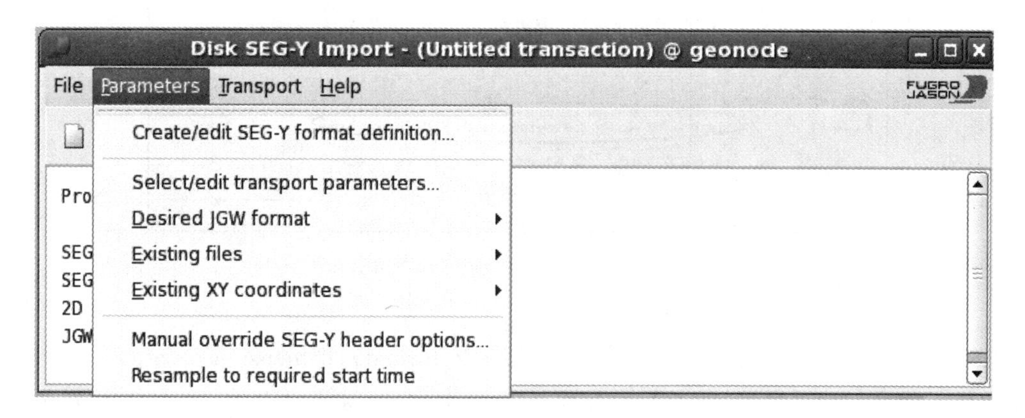

图 3－5

1)点击 Parameters→Create/edit SEG－Y format definition,出现 Edit SEG－Y format defination 界面(图 3－6),完成下面的操作:

●点击 Retrieve,选择地震数据体格式,→OK。

●SEG－Y dimension 选 3D。

●Quick verify of settings file name 填写数据体存放路径;利用 Show EBCDIC header、Show binary header 功能键查看地震道头信息,填写 CDP、Line number、X coordinate、Ycoordinate 等。用 Verify settings 验证设置信息。→ OK 完成。

2)Parameters→ Select/edit transport parameters,打开 Select/edit transport parameters

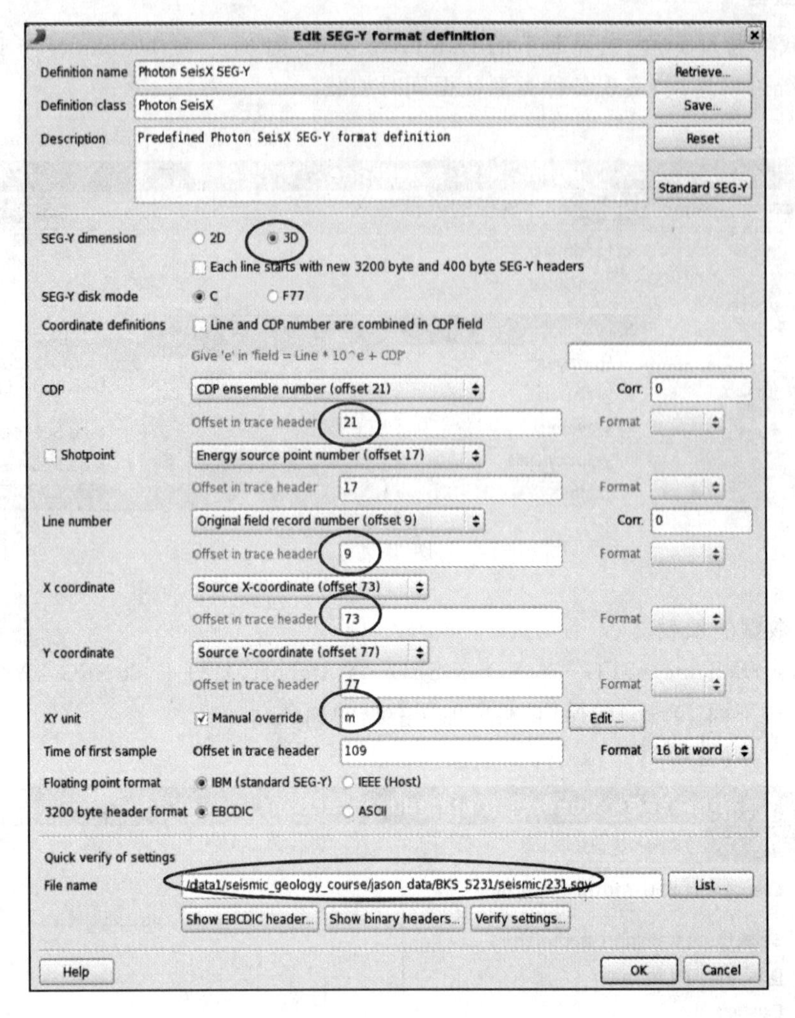

图 3-6

界面(图 3-7),点击 List 选地震数据格式(SEG-Y format);Dimension of SEG-Y files 选 3D;点击 Add 添加地震数据;点击 Edit 定义 survey 名字(或选择已有的 survey),编辑加载数据范围;填写地震数据在 JGW 内部的文件名。点击 OK 结束。

3)Parameters→Desired JGW format,定义 JGW format 格式。

4)确定输出文件/XY 坐标覆盖或追加已有的文件/XY 坐标。

5)Transport→ Import selected files,加载地震数据,生成与地震对应的三个文件:.mod、.min、.mhd。

6)检查地震数据体。通过 JWD 主界面→Analysis→Section View 查看加载情况。

(2)层位数据的加载。

1)Datalinks→ Horizons→ ASCII Horizon Import→ Parameters→ Select/edit transport parameters,打开 Import ASCII Horizon files 界面(图 3-8),完成下面几步操作:

●点击 Horizon file format 右边 Set,出现 Select horizon definition 对话框(图 3-8 右上

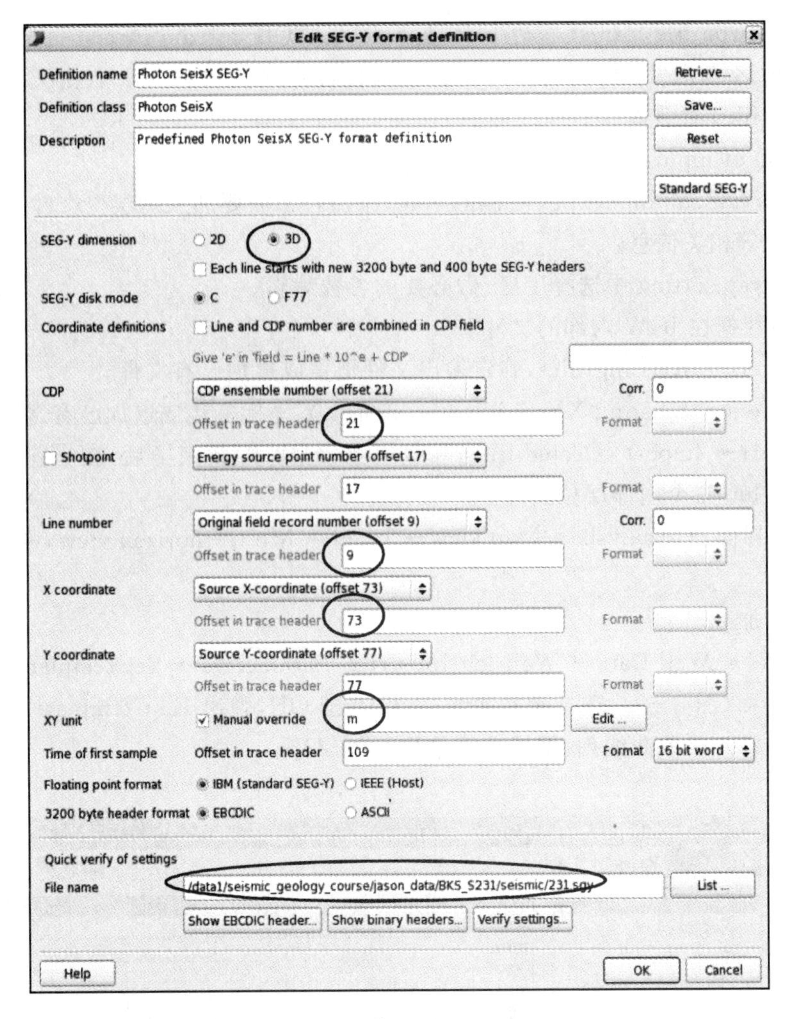
Edit SEG-Y format definition
Definition name
Photon SeisX SEG-Y
Retrieve...
Definition class
Photon SeisX
Save...
Description
Predefined Photon SeisX SEG-Y format definition
Reset
Standard SEG-Y
SEG-Y dimension
2D
3D
Each line starts with new 3200 byte and 400 byte SEG-Y headers
SEG-Y disk mode
C
F77
Coordinate definitions
Line and CDP number are combined in CDP field
Give 'e' in 'field = Line * 10^e + CDP'
CDP
CDP ensemble number (offset 21)
Corr.
0
Offset in trace header
21
Format
Shotpoint
Energy source point number (offset 17)
Offset in trace header
17
Format
Line number
Original field record number (offset 9)
Corr.
0
Offset in trace header
9
Format
X coordinate
Source X-coordinate (offset 73)
Offset in trace header
73
Format
Y coordinate
Source Y-coordinate (offset 77)
Offset in trace header
77
Format
XY unit
Manual override
m
Edit ...
Time of first sample
Offset in trace header
109
Format
16 bit word
Floating point format
IBM (standard SEG-Y)
IEEE (Host)
3200 byte header format
EBCDIC
ASCII
Quick verify of settings
File name
/data1/seismic_geology_course/jason_data/BKS_S231/seismic/231.sgy
List ...
Show EBCDIC header...
Show binary headers...
Verify settings...
Help
OK
Cancel

图 3－7

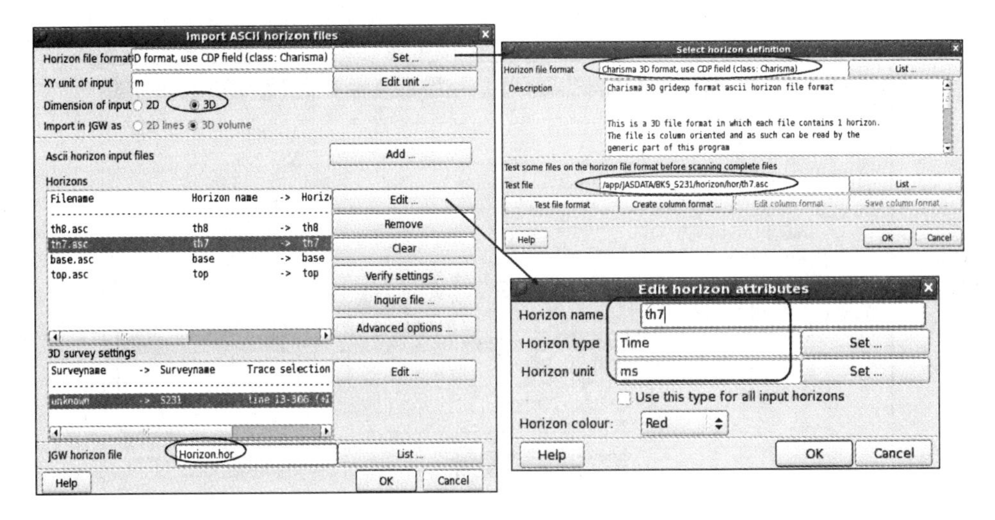
Import ASCII horizon files
Horizon file format
D format, use CDP field (class: Charisma)
Set ...
XY unit of input
m
Edit unit ...
Dimension of input
2D
3D
Import in JGW as
2D lines
3D volume
Ascii horizon input files
Add ...
Horizons
Filename
Horizon name
th8.asc
th8
th8
th7.asc
th7
th7
base.asc
base
base
top.asc
top
top
Edit ...
Remove
Clear
Verify settings ...
Inquire file ...
Advanced options ...
3D survey settings
Surveyname
Surveyname
Trace selection
unknown
S231
Edit ...
JGW horizon file
Horizon.hor
List ...
Help
OK
Cancel
Select horizon definition
Horizon file format
Charisma 3D format, use CDP field (class: Charisma)
List ...
Description
Charisma 3D gridexp format ascii horizon file format
This is a 3D file format in which each file contains 1 horizon.
The file is column oriented and as such can be read by the
generic part of this program
Test some files on the horizon file format before scanning complete files
Test file
/app/JASDATA/BKS_S231/horizon/hor/th7.asc
List ...
Test file format
Create column format ...
Edit column format ...
Save column format ...
Help
OK
Cancel
Edit horizon attributes
Horizon name
th7
Horizon type
Time
Set ...
Horizon unit
ms
Set ...
Use this type for all input horizons
Horizon colour:
Red
Help
OK
Cancel

图 3－8

图框），点击 Horizon file format 右边 List，在 Select ASCII horizon format 一栏中选标准层位文件的格式；或者点击 Test file 右边的 List，编辑自定义文件格式。点击 OK 回到 Import ASCII horizon files 对话框。

●Dimension of input 选 3D。

●点击 Ascii horizon input files 右侧的 Add，添加若干需要加入的层位文件，编辑并检查层位的颜色，单位等相关信息。

●在 3D survey setting 中选择工区，做必要的参数编辑。

●填写地震数据在 JGW 内部的文件名。

2）Parameters→ Existing files，确定输出文件覆盖或追加已有文件。

3）Parameters→ Existing XYcoordinates，确定 XY 坐标覆盖或追加已有 XY 坐标。

4）Transport→ Import selected files，加载层位数据。加载完毕后，在当前路径下自动生成.hor，.hhd，.hin 三个内部层位文件。

5）JWD 主界面→ Analysis→ Map view→ Input→ Multi－horizon view，可同时查看多个层位。

（3）井数据加载。

1）Datalinks→ Well Data→ Well log Import→ Parameters→ Set template file，出现 Set template file 界面（图 3－9），选择测井曲线文件，点击 OK，弹出 Edit template file 窗口，定义空值（如－999.25），选取曲线列，编辑曲线单位，点击 OK。

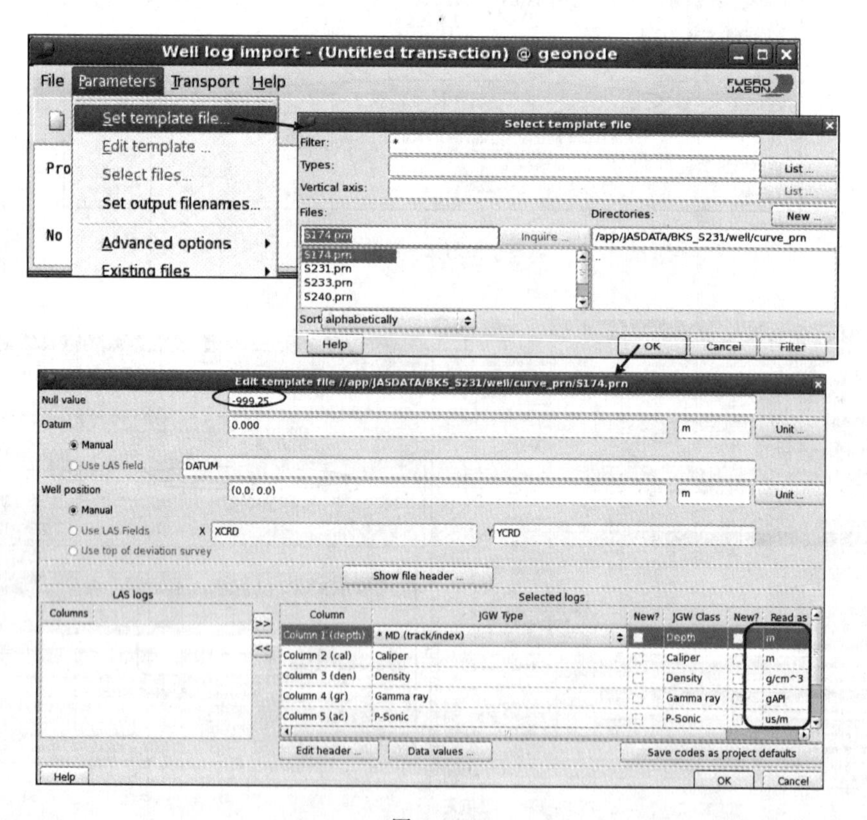

图 3－9

2)Parameters→ Select files,选择测井文件(Ctrl＋左键选多个井文件),点击 OK,弹出 Set output filenames 对话框,编辑井口坐标或基准面,给出输出路径,点击 OK 退出。

3)Transport→ Import selected wells,加载井数据。加载完毕后,在当前目录下形成对应每口输入井的 . wll 文件。

(4)测井分层数据加载。

1)Datalinks→ Well Data→ Well Tops Import,出现 Well Tops Import 界面(图 3－10),点击 Input→ ASCII well tops files,弹出 Select ASCII wellTops－files 窗口,选择测井分层文件,点击 OK 回到上界面;Input→Parameters,填写 First data line、Well top names、File contains wellnames 等参数,点击 OK 退出。

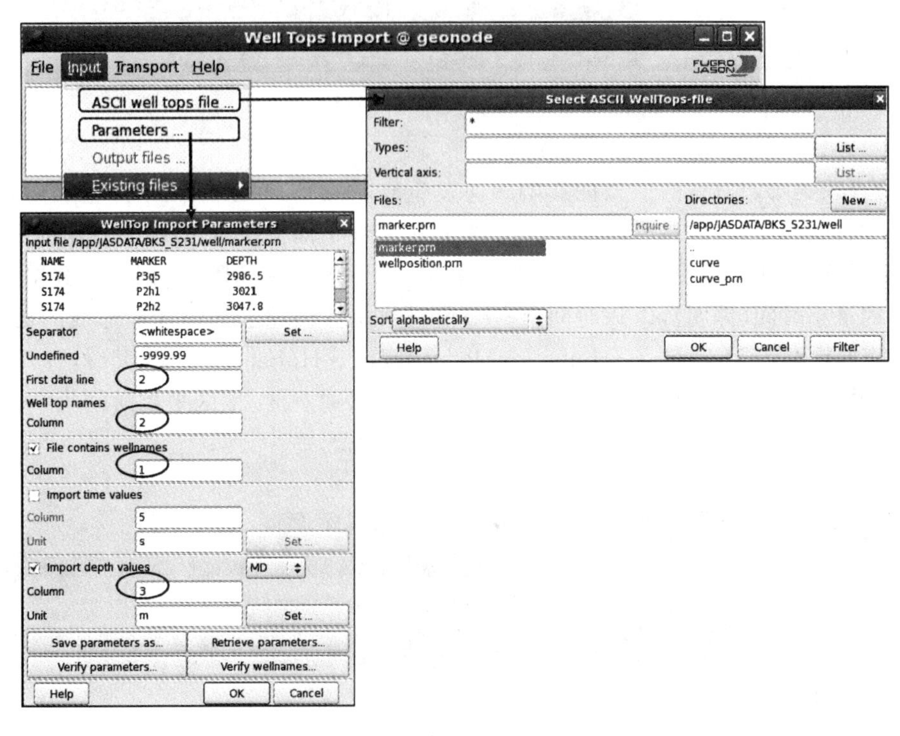

图 3－10

2)Input→ Output files,对话框显示的是分层文件输出的井名,可以选中,然后用 Change output file 编辑修改。编辑完后点击 OK 退出。点击 Transport→ Import,完成加载。

3)JGW 主界面→ Analysis→ Map View 里检查井点位置,井轨迹以及分层。

3. 地震反演的可行性分析

地震反演的可行性分析包括测井数据和地震数据的可行性分析。本节简单介绍地震数据的可行性分析,包括地震数据的频带范围检测及采集脚印对目的层段的影响。

(1)检查目的层段地震数据的频带范围。JWD 主界面→ Analysis→ Section View,添加地震数据,选择任意一条地震测线(通常为连井线),点击 Display→ Data transform→ Amplitude－frequency,即得到整条地震测线的振幅谱剖面图(图 3－11)。利用 Vertical gate for spectrum,查看目的层段地震记录的频谱特征。

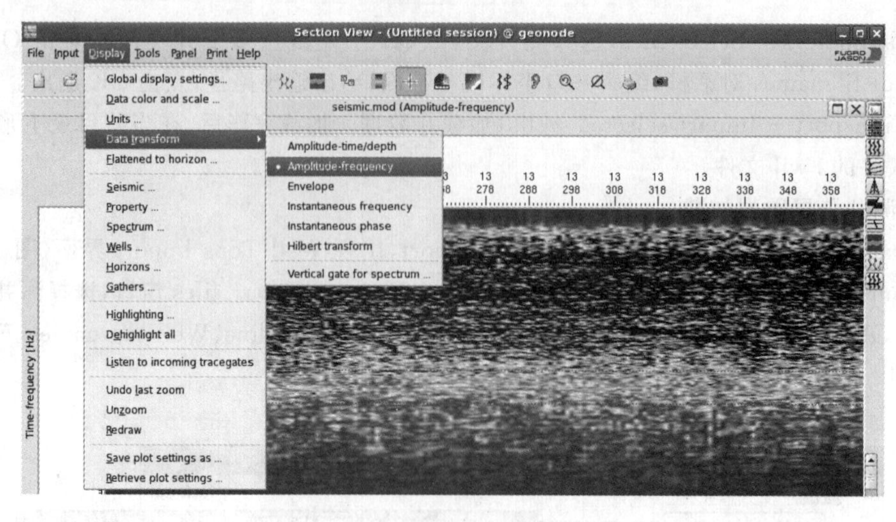

图 3-11

(2)检查采集脚印对目的层段的影响。通过生成“平层”,并以“平层”为基准面向下开时窗,提取一系列固定时窗内地震属性,通过观察地震属性平面特征,检查采集脚印的影响。

1)“平层”的生成。地震数据往往在浅层叠加次数不够或有切除,找到地震数据达到满叠加次数时的最小时间(深度),以该时间(深度)值对数据体做的水平切片所形成的面即为“平层”。JWD 主界面→ Modeling→ FunctionMod→Input→Horizon calculations,打开 Horizon calculations 界面(图 3-12),设置“平层”的数值及单位(如 S231 工区平层时间为 0.46s,见图 3-12)、平层分布范围,定义平层输出名称,点击 OK 完成。

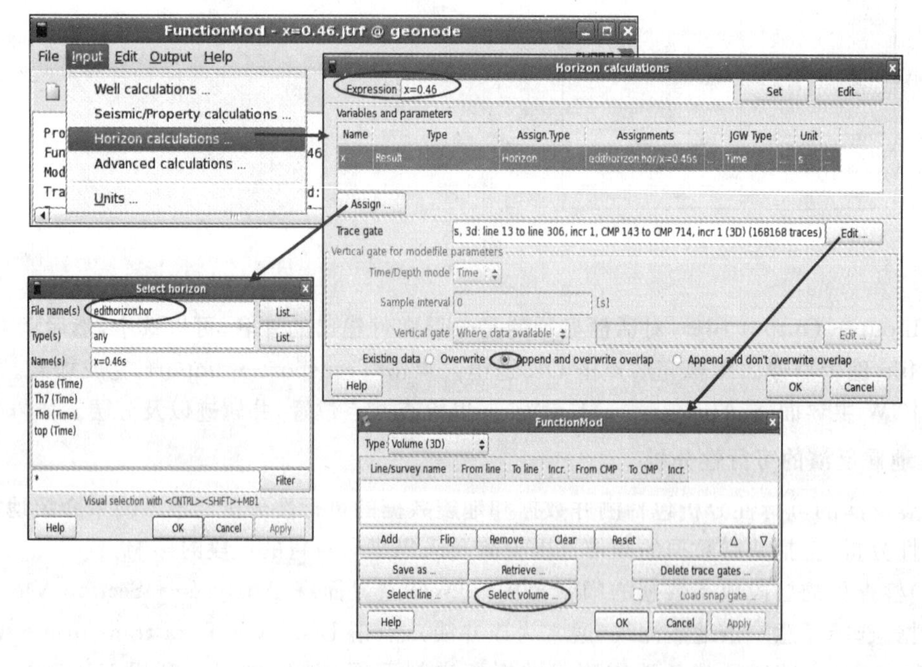

图 3-12

2)提取地震属性。JWD 主界面→ Analysis→ Attributes Exaction→ Horizon Attribute Exaction,打开 Horizon Attribute Exaction 界面(图 3-13),进行如下三步操作:①点击 Input,输入地震数据体,选中上步已经生成的平层(Horizons),确定属性提取范围(Trace gate)。②点击 Edit→ Vertical range 设定层属性提取时窗,Edit→ Attributes 选定属性类型。通常以"平层"为基准向下等时窗提取地震属性(如时窗选为 500ms,提取均方根振幅属性)(图 3-14)。③点击 Output→ Generate,给出层属性名称,点击 OK 完成一层属性的提取(图 3-15)。

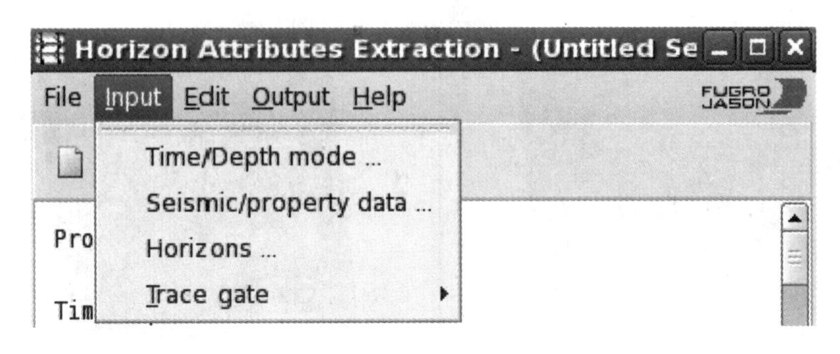

图 3-13

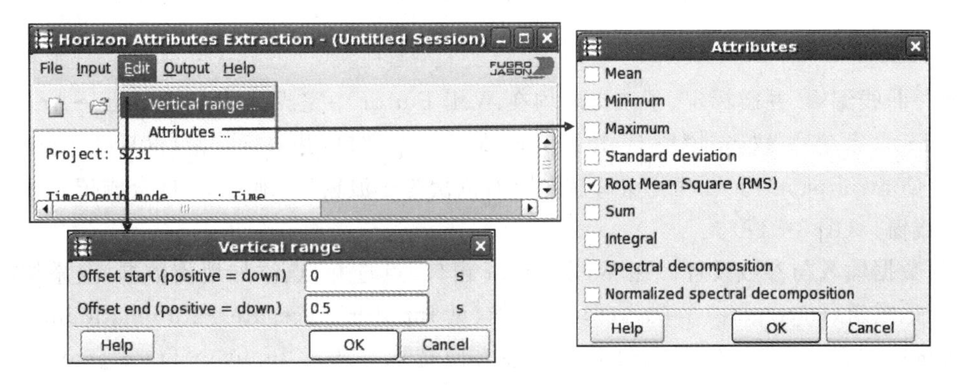

图 3-14

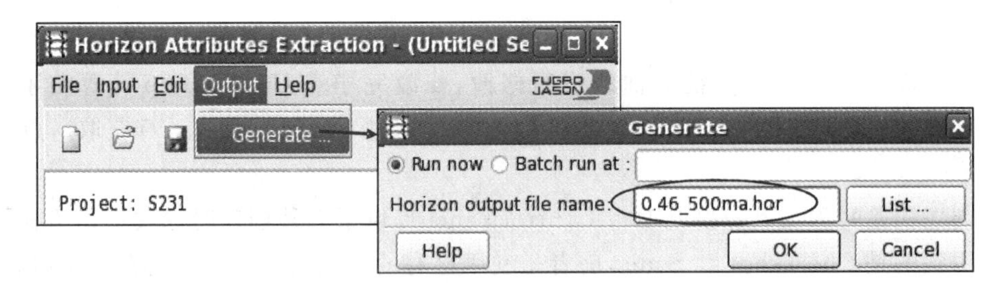

图 3-15

3)检查采集脚印。JWD 界面→ Analysis→ Map View,输入上步生成的地震属性文件,形成属性平面图,可检查采集脚印情况。如图 3-16 所示,浅层(0.46～0.9s)地震属性显示有采集脚印影响，而深层(1.4～1.9s，目的层段)基本没有采集脚印影响，说明地震数据可以用于目的层段的地震反演。

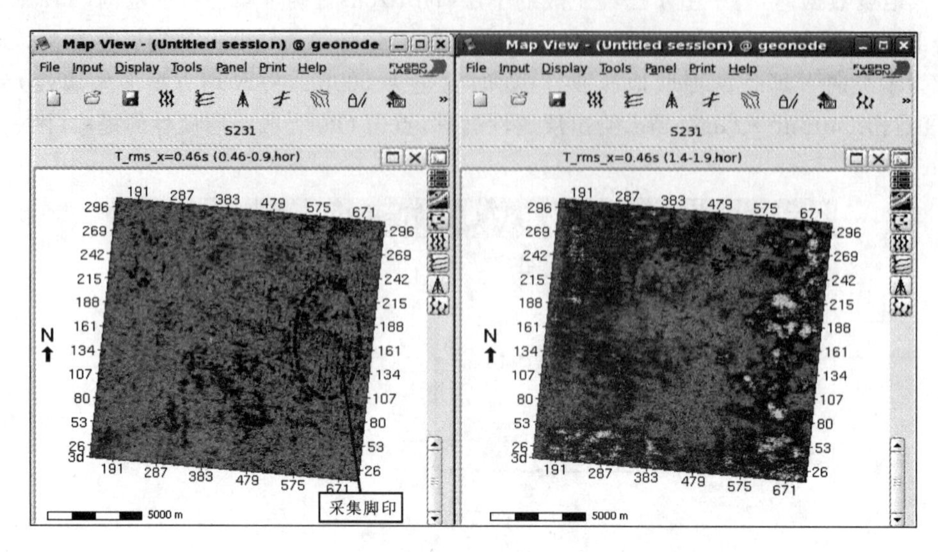

图 3 - 16

4. 井震标定与子波估算

测井曲线编辑、井震标定、子波提取均在 Well Editor 中完成。JWD 主界面→Analysis →Well Editor，启动井震标定模块 Well Editor，包括两个窗口：井震标定窗口(Well Editor)和控制面板(Control panel)。可视化窗口从左至右依次为子波窗口、地震窗口、合成记录窗口以及测井曲线窗口(图 3 - 17)。

(1)数据输入与参数设置。在 Well Editor 窗口，点选井，点添加地震数据，点添加解释层位；井旁地震道(trace gate)是软件自动设置的(见 Input→Tracegate→Automatic line)。对于三维工区中的斜井，则井旁道必须沿井轨迹方向选取。通过 Input →Trace gate →Manual trace gate，弹出 WellEditor 对话框，将 Type 设置为 Arbitrary line(s)来实现；Well Editor 窗口自动设置垂向时窗，如自定义时窗，可双击时间轴，在弹出的 Edit vertical gate 窗口中取消 Auto 选项，在 Min 与 Max 中设置时窗范围。

(2)编辑井曲线并计算纵波阻抗。Well Editor 窗口的顶部右侧图标选择曲线，在测井曲线列上点击 MB3，调用编辑功能对曲线进行修改，修改完毕点 Cal P - Imp 计算波阻抗曲线(没有密度曲线时，点击 Patch Density with Gardner，通过 Gardner 公式计算获取)，点击 Save 保存。

(3)创建初始时深关系。控制面板 Control panel 提供了五种创建时深关系的方法(图 3 - 17)。常用到的是 Checkshot 和 Sonic，前者是利用已有的时深记录来创建时深关系，后者是利用纵波声波积分方法来创建初始的时深关系。

1)Checkshot 法：将时间－深度记录整理为两列数据的.txt 文件；点击 Datalinks →Tables →ASCII Table Import，载入.txt 文件；点击图标调进时深关系表；点击控制面板 Control panel 应用该时深关系。

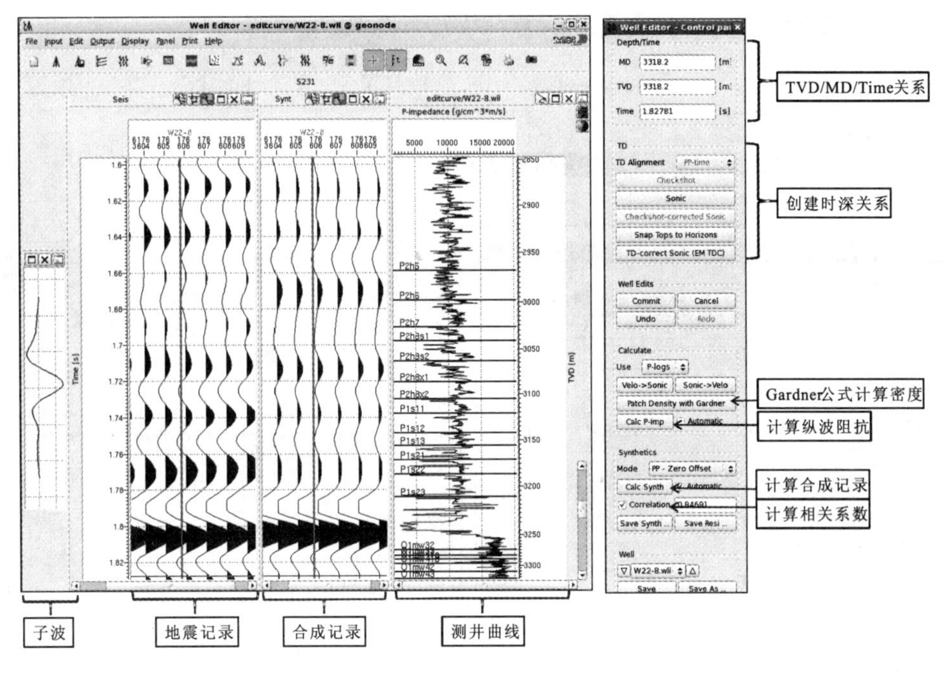

图 3-17

2)Sonic 法:点击控制面板 Control panel 上的 Sonic,在弹出的菜单中输入声波积分的起始点的时间及对应的深度,即可获得初始的时深关系。缺省的情况下为声波曲线的第一个点对应的时间和深度。在已知工区中比较准确的时深对应点时,可以修改该菜单中的缺省值。

(4)初次子波提取。点击 Well Editor 界面中图标打开 Estimate Wavelets 窗口(图 3-18),做如下操作:

1)Input→ Time gate,设置确定子波提取时窗。将时窗设置在目标层附近,且尽量选地震数据品质较好的区域。

2)Estimate→ Estimate wavelet amplitude spectrum,出现 Estimate wavelet amplitude 界面。设置参数:Output wavelet 输入中子波名字 *. mtr;Wavelet Length 设置子波长度,一般为 100～200ms,缺省为 100ms,并且一定要是采样率的整数倍,起始时间的 2 倍,保证子波中点在 0 时间。

3)点击 Calculate,弹出 Wavelet QC 窗口显示该子波的形态以及振幅谱与相位谱。通过 Show autocorrelations 及 Compare with data spectra(图 3-18 左下)做子波质量控制。一般较好的子波具有形状规则、旁瓣小、振幅谱与地震匹配,地震频带内相位变化稳定等特征。调试好后,点击 Apply 或 OK 结束。这时 Well Editor 窗口中的合成记录自动应用该子波计算合成记录。

(5)井震标定。井震标定的实质是调整时深关系,把时间域的地震信息与深度域的测井信息准确无缝地对应起来。调整时深关系的方法主要有两种:一是在时间域整体时移井曲线(合成记录);二是在时间域局部拉伸或者压缩井曲线(合成记录)。这两种方法在实际应用中一般分两个步骤,首先利用整体时移将目的层段的地震与合成记录的大套层位对齐,然后再利用局

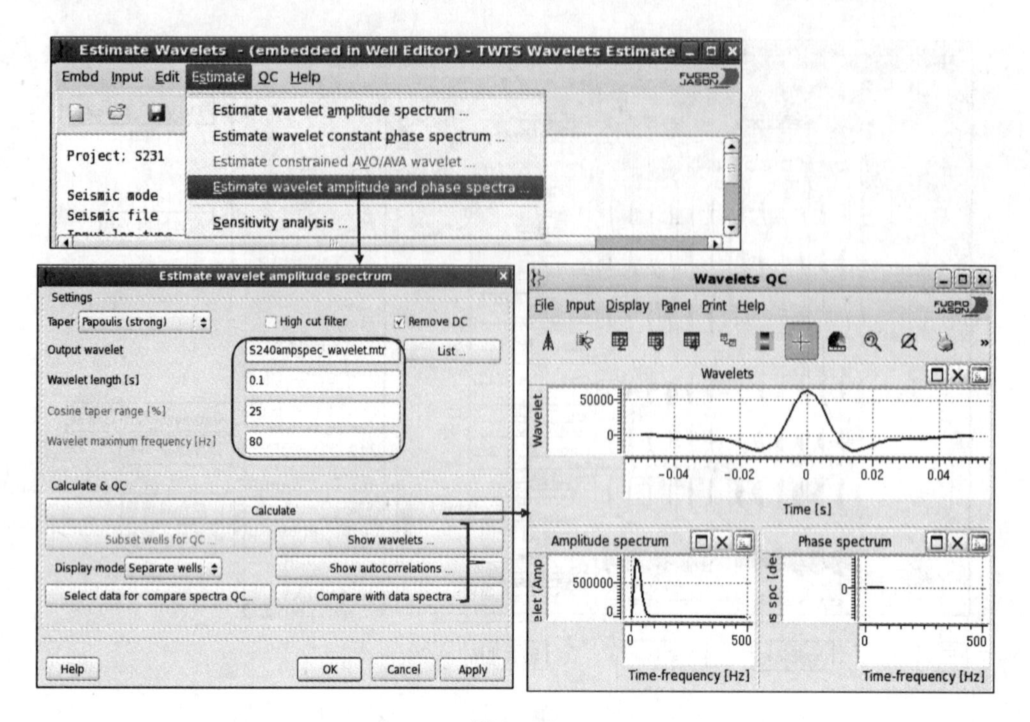

图 3-18

部的拉伸或压缩对小层进行微调，微调时要保证时深关系的改变是合理的。

1)整体时移。使用合成记录道的 Vertical shift 按钮，上下移动合成记录，实现整体漂移校正。

2)局部拉伸/压缩。对齐了大套层位后，使用合成记录道按钮，对合成记录实行局部拉伸或压缩校正。

3)时深关系质量监控。每完成一次局部拉伸/压缩都需要观察调整对时深关系的影响，以确保改变的合理性。可以直接在 Well Editor 中观察时深曲线的变化；或者选择 Display & TD QC well panel settings，激活 Active，在 Well Editor 中出现的新窗口下点右键→Input→Select data，选择曲线，观察 Slowness drift(relative)表示时深曲线与原始声波曲线的比值，如图 3-19 中时深关系 QC 指示，认为比值在 1 附近 10%范围内是合理的。

4)地震记录与合成记录的相关性监控。Well Editor→Display→Seismic panel #3 settings →Active，打开一个新的质控窗口，再点击 Display→Showseis/synth match as…，在弹出的小界面中将 Method 改为 Correlation，点击 OK，这时 Well Editor 界面质控窗口显示地震记录与合成记录的相关值，如图 3-19 中“相关关系 QC”指示，可以实时监控相关关系的变化。

(6)二次子波提取。完成初次井震标定和子波估算的基础上，再次从振幅和相位上估算子波。点击 Estimate→Estimate wavelet amplitude and phase spectra，填写参数：Output wavelet 中给出子波的名字，Wavelet start time 栏输入子波起始时间，Wavelet length 输入子波长度，其他参数使用缺省值，点击 Calculate，计算完后弹出 Wavelets QC 窗口，显示子波形态以及振幅谱与相位谱。评价提取子波质量，最后点击 Apply 或 OK。该子波自动应用于合成记录。

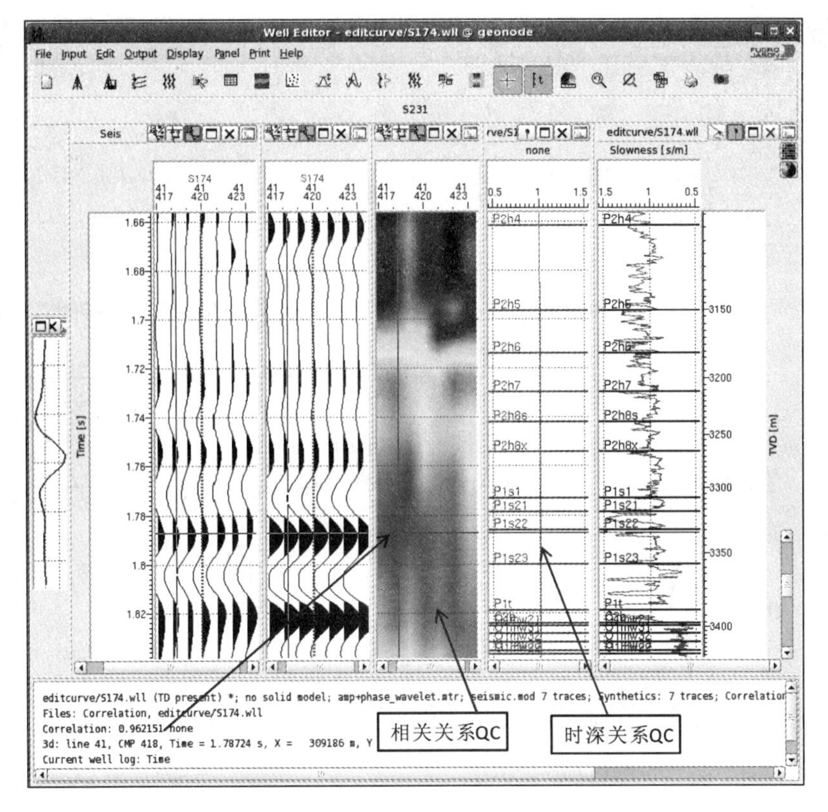

图 3－19

(7)重复井震标定。调整时深关系，得到一个比较好的结果后可以再次提子波，再标定……，直到满意用于反演，结束单井井震标定与子波提取过程。

(8)多井子波提取。即提取一个综合子波用于反演。在 Estimate Wavelets 窗口点击断开与合成记录窗口的连接；点击 Input→Wells，选择所有做完合成记录的井；点击 Estimate→Estimate wavelet amplitude and phase spectra，填写输出子波名称(综合子波)、子波起始时间、子波长度，点击 Calculate，即生成一个多井综合子波，如图 3－20 中深蓝色显示的子波。

注意：综合子波提取过程中，如果发现哪口井子波不好，需进一步调整合成记录。对于无论如何都无法获取理想子波的井，那么在综合子波估算过程中将其舍弃。

5. 建立低频模型

可以通过 EarthModel FT 或 Model Builder(without TDC)建立低频模型，统计学反演则必须采用 EarthModel FT。以下介绍 Model Builder(without TDC)的低频模型构建流程。

(1)构造格架的建立。

JWD 界面→ Modeling→ Model Building→ Model builder(without TDC)，打开 Model builder(without TDC)窗口(图 3－21)。

1)Input 参数选择。图 3－21 中 Input 参数设置：Time/ Depth mode 设为 Time；Horizons 选层位文件 *.hor(包括断层)；Framework 选择 *.frw 地层格架文件，如果还没有建立地层格架文件就暂时跳过该选项；Select data for EarthModel→wells，选择建模采用的井文件(已

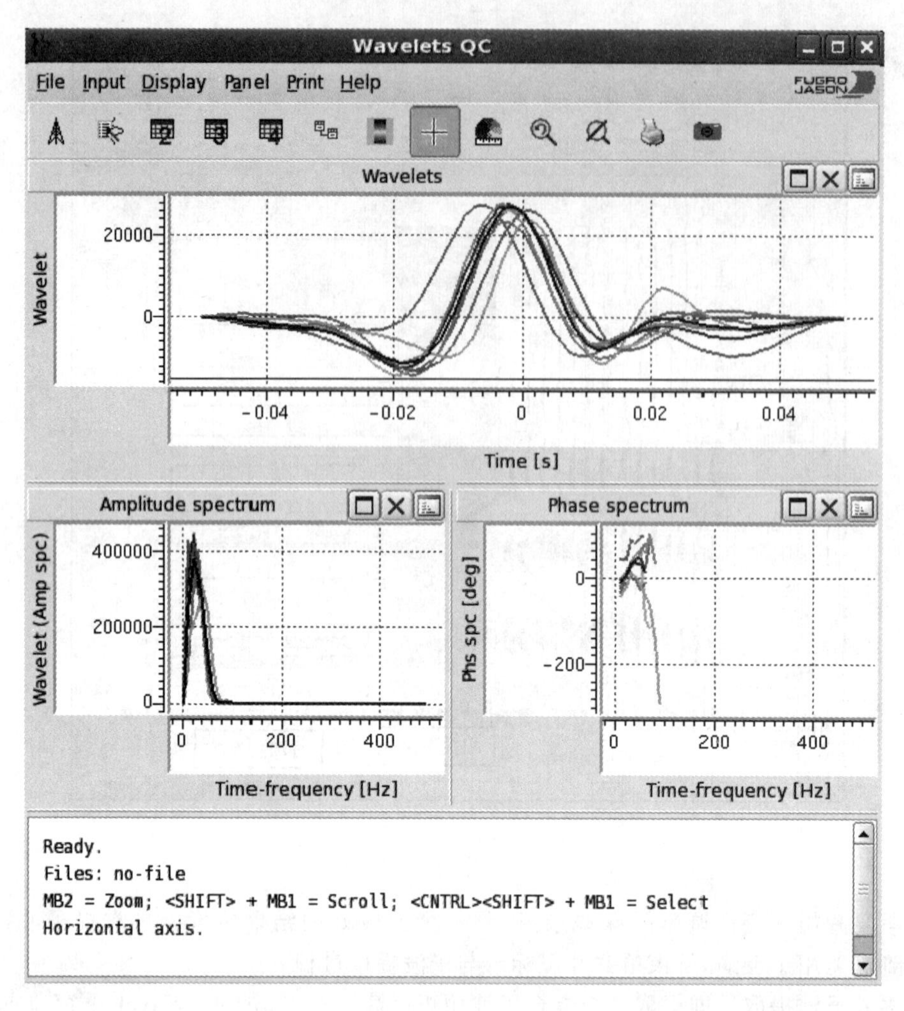
Wavelets QC
File Input Display Panel Print Help
FUGRO JASON
Wavelets
Wavelet
20000
0
-0.04 -0.02 0 0.02 0.04
Time [s]
Amplitude spectrum
Wavelet (Amp spc)
400000
200000
0
0 200 400
Time-frequency [Hz]
Phase spectrum
Phs spc [deg]
0
-200
0 200 400
Time-frequency [Hz]
Ready.
Files: no-file
MB2 = Zoom; <SHIFT> + MB1 = Scroll; <CNTRL><SHIFT> + MB1 = Select
Horizontal axis.

图 3 - 20

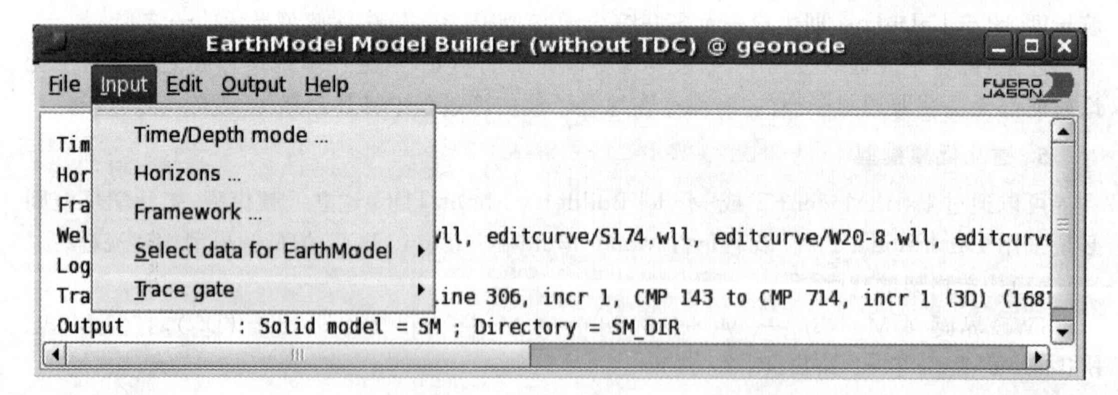
EarthModel Model Builder (without TDC) @ geonode
File Input Edit Output Help
FUGRO JASON
Time/Depth mode ...
Horizons ...
Framework ...
Select data for EarthModel
Trace gate
Tim
Hor
Fra
Wel
Log
Tra
wll, editcurve/S174.wll, editcurve/W20-8.wll, editcurve
ine 306, incr 1, CMP 143 to CMP 714, incr 1 (3D) (168
Output : Solid model = SM ; Directory = SM_DIR

图 3 - 21

编辑好时深关系)，并点击 OK 选择 P－Impendance；Trace gate 选模型的地震道范围。

2)创建模型框架表。Edit→Edit framework，弹出对话框 Edit framework table(图 3－22)。

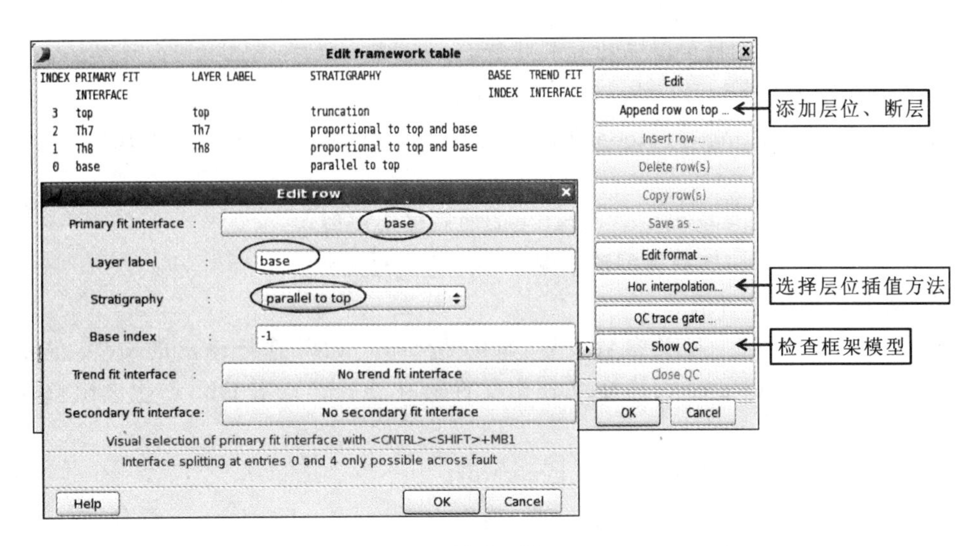

图 3－22

●点击图 3－22 中 Append row on top，弹出 Edit row 窗口，设置参数：Primary fit interface 中添加层位；Layer label 做层位标记；Stratigraphy 选择该层与顶底层的关系。指定完毕后点击 OK 关闭 Edit row 对话框，完成单一段层位添加。反复使用 Append row on top，直到所有层位添加完为止。

制表过程中注意：①从底层开始向上逐层编辑；②先建断层下盘的地层，后建断层上盘的地层；③被断层切割的层不能作为 datum；④有断层时最好添加顶、底盖层；⑤注意顶底的接触关系。

●利用 Edit framework table 中的 Hor interpolation，选用层位插值方法。Interpolation type 可提供 5 种层位内插算法；Stabilization type 提供两种方法控制内插数据点的外推；Maximum number of samples used for fitting 为用于层位内插的数据点数。

●QC trace gate 选择 QC 模型道。

●Show QC 检查 QC 模型道框架。

●Save as 保存框架模型，命名位 *.frw。

●点击 OK 退出 Edit framework table 对话框。

3)Edit→ Edit data for EarthModel→ Areal weight interpolation，设置参数：Interpolation type 中设置插值算法；QC layer 选择 QC 层；QC trace gate 设置 QC 的 Trace gate；Show areal weights 中显示各口井在沿 QC 层方向每个 QC 地震道上的加权值，可根据实际的数据，测试并比较各种插值算法。

4)Edit→ Edit data for EarthModel→ Well weights，设置每口井在插值运算中的权重值。

5)Edit→ Edit data for EarthModel→Log parameters，设置微层的平均时间厚度，一般与地震数据采样率一致。

6)Output→Generate。相关参数设置:Select output files 中主要选择 Tinterface. hor;Output solid model 填入模型名称;Output directory 指定文件 Tinterface. hor 的输出路径。点击 OK,产生文件 . . . / Output directory/Tinterface. hor。

7)File→ Save and exit,退出 EarthModel Model Builder (without TDC)。

8)数据检查:检查时间域的井曲线和分层数据。

(2)低频模型的产生。

JWD 界面下,Modeling→ Model Building→ Model Generator,在 EarthModel Model Generator 窗口下:

1)Input → Solid model:选择上一步产生的地质格架模型。

2)Input→ Trace gate:选择模型道范围。

3)其余各参数使用缺省值。

4)Output→ Generate。相关参数设置:Select output files 选择输出的文件,主要输出 Timpedance. mod;Output directory 定义输出文件所在路径。点击 OK,产生波阻抗模型 * . mod。

5)File→ Save and exit,退出 Model generator。

6)分别在剖面和平面图窗口中查看结果,检查 horizons . tops . logs 三者合适,该结果的质量至关重要。内插的井曲线数据体的空间分布要合理,符合地质沉积规律,如图 3-23 所示,产生的模型符合要求。

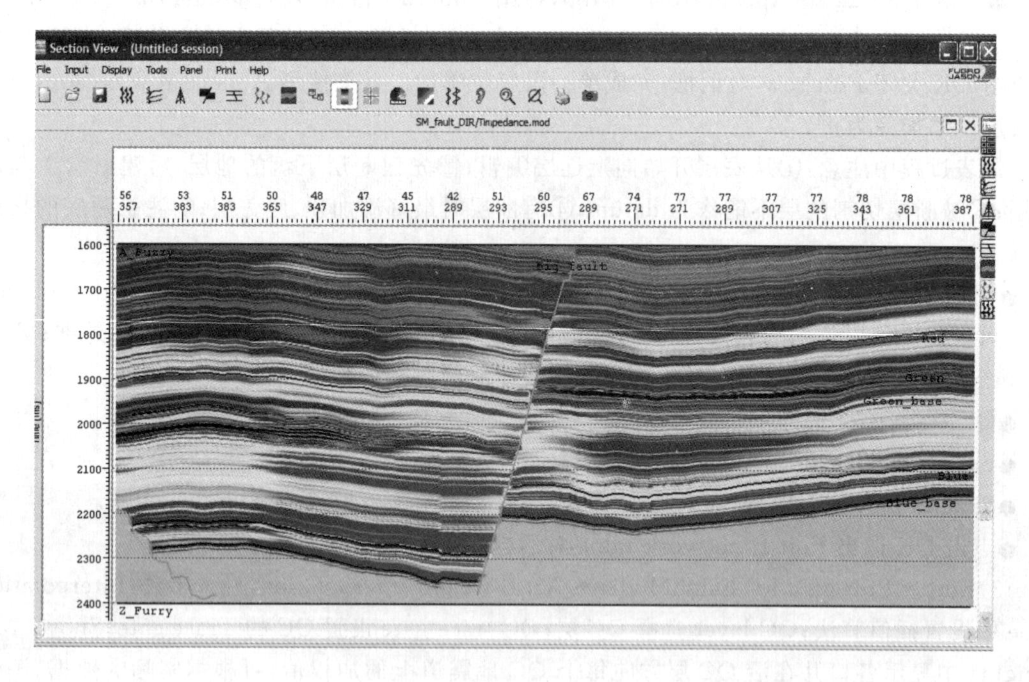

图 3-23

6. CSSI 反演

JWD 主界面→Modeling→InverTrace - Plus→ Constrained Sparse Spike,弹出 Inver-

Trace - Plus Constrained Sparse Spike 窗口(图 3 - 24)。

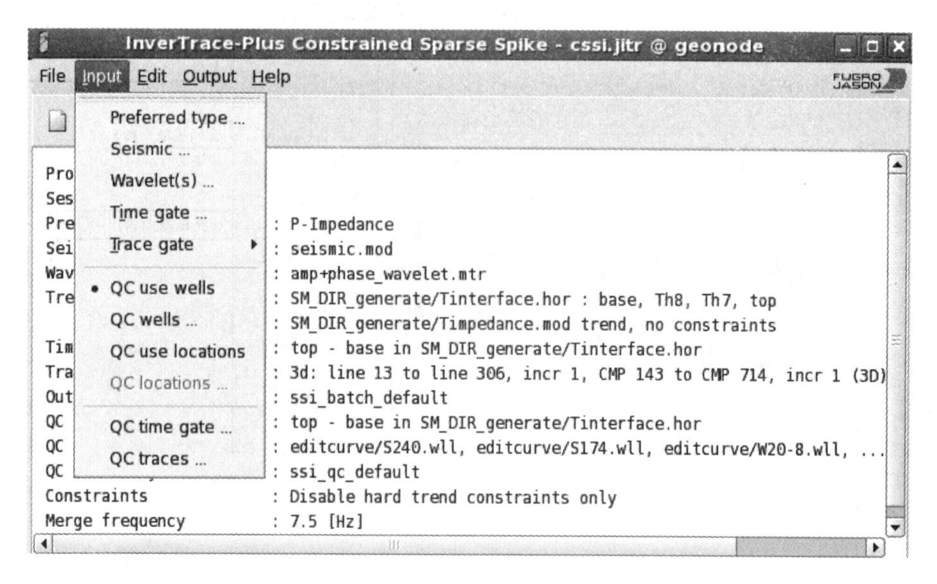

图 3 - 24

(1)输入参数。设置图 3 - 24 中 Input 下各项参数设置:

1)Seismic:选择地震数据 *.mod。

2)Wavelet →Constant:提取的多井综合子波。

3)Time gate:设置反演时窗,一般选 Use horizons,选择模型中生成的层位文件:... / Tinterface. hor。

4)Trace gate:设置反演地震道范围,可以是整个工区也可以只取部分。

5)QC Wells:选择 QC 井。注意这些井并不参与反演。

6)QC Time gate:选择 QC 时窗。

7)QC traces:选择参与 QC 的井旁道,一般选 3～5 道。

(2)编辑趋势。Edit →Edit trend,弹出两个窗口,如图 3 - 25 所示。

1)在图 3 - 25 右边窗口 Trend editor & QC 中设置趋势参数:Select wells... 选择工区内所有编辑好的井文件;Horizon... 选择模型中生成的层位文件.. / Tinterface. hor;Model file 设为 Trend is。然后点击下一行的 Model file,选择模型文件 .. / *.mod,选入这些参数后,左边窗口显示曲线如图 3 - 25 左窗口所示。

2)比较井纵波阻抗曲线与趋势线,趋势线应该能反映纵波阻抗曲线变化的大体趋势。

3)编辑完毕后,点击 OK 退出 Trend editor & QC 窗口。

(3)软约束设置。InverTrace - Plus Constrained Sparse Spike 窗口下,Edit→Constraints →Disable hard trend constraints only,关上硬约束,采用软约束。软约束与硬约束相比,更加考虑阻抗横向变化的连续性,所以现在一般使用软约束,而不再使用硬约束。

(4)敏感参数的测试。主要对地震信噪比、稀疏性约束因子、合并频率、子波刻度因子四个主要敏感参数进行测试。Edit →QC parameters,弹出 QC parameters 窗口(图 3 - 26)。

1)地震信噪比(seismic misfit signal to noise ratio)。用于约束反演结果与地震数据的相

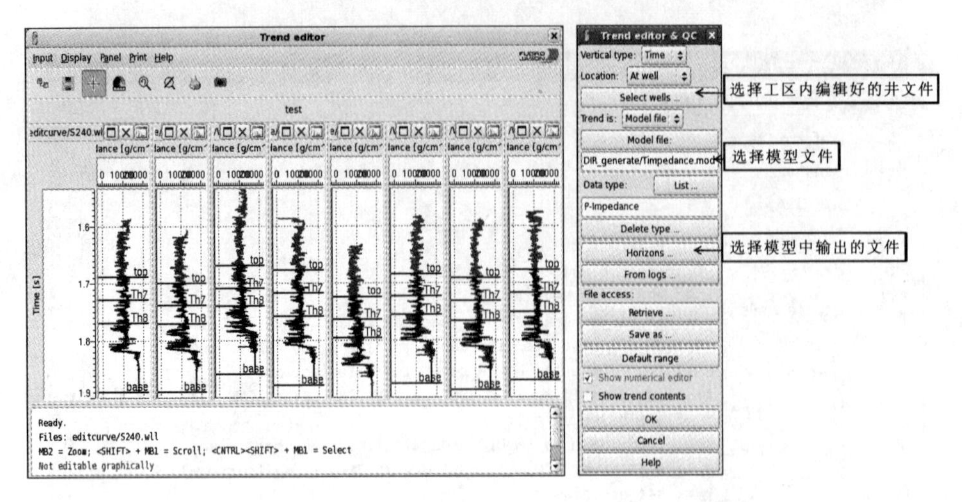

图 3－25

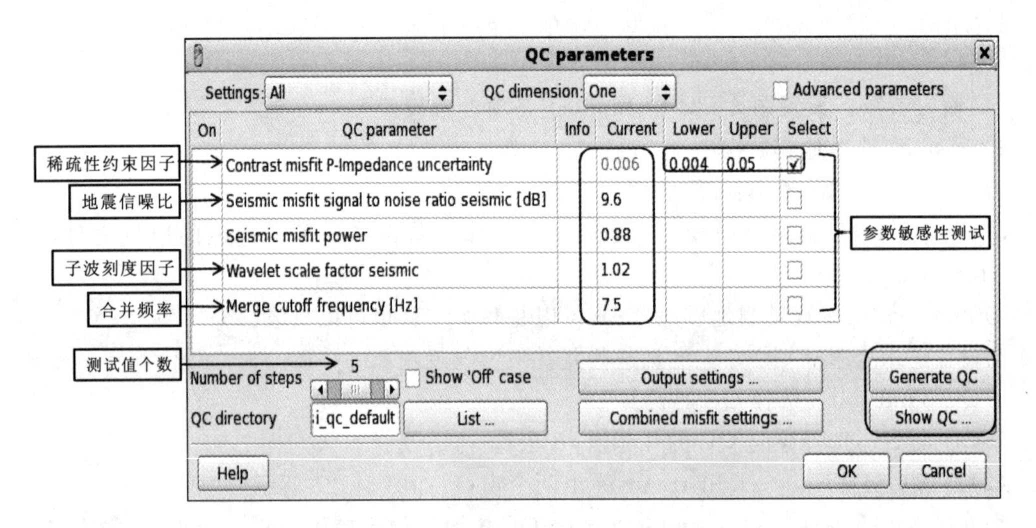

图 3－26

似性，信噪比设置越高，从反演结果中转换的合成记录与地震相关越好，反之亦然。

2）稀疏性约束因子（Contrast misfit P－Impedance Uncertainty）。该参数反映的是反射系数序列的稀疏性，稀疏性约束因子值越小，反射系数序列越稀疏。在 Contrast misfit P－Impedance Uncertainty 栏中设置测试值的上下限，在 Number of steps 对应的滑棒中设置测试值的个数，一般设置为 5，点击 Generate QC，弹出共有 5 张图表的窗口，如图 3－27 所示。

图 3－27 中质量控制参数说明：①信噪比 S/N（图 3－27 上左）：一般情况下随稀疏性约束因子的增加逐渐增大；②测井曲线波阻抗与反演波阻抗相关性（图 3－27 上中）：一般情况下先随稀疏性约束因子的增加而增大，然后逐渐趋于平缓；③测井曲线波阻抗的标准偏差与反演波阻抗标准偏差的相关性（图 3－27 上右）：变化的规律与②选项相同；④稀疏性（图 3－27 下

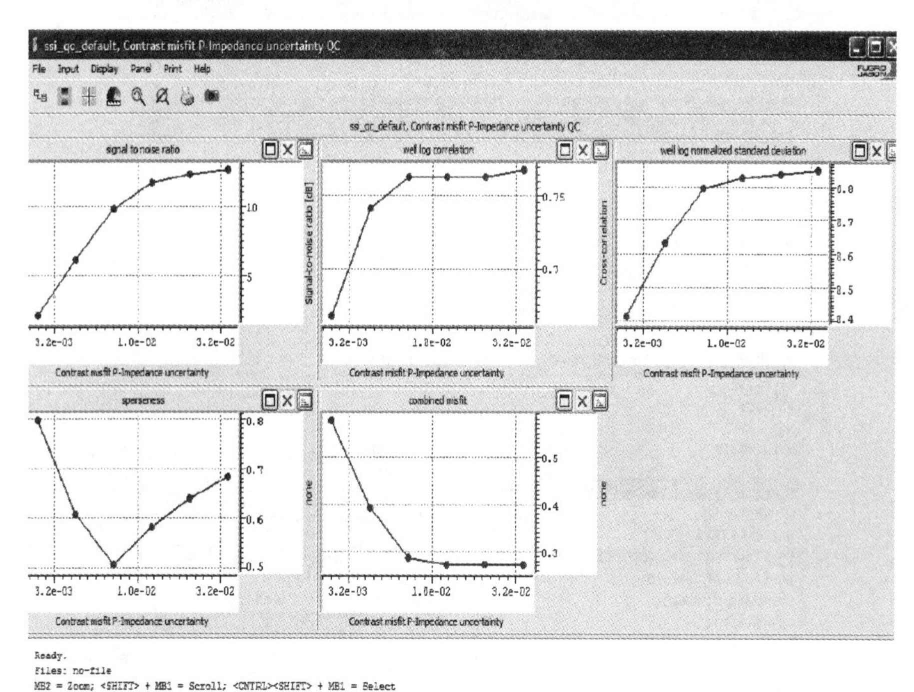

图 3－27

左)：随着稀疏性约束因子的增加而减小；⑤综合误差(图 3－27 下右)：是其他四项指标的综合结果。一般情况下先是呈递减的趋势，然后有一个拐点，再趋于平缓。

函数表的变化规律具有普遍性：①～③的变化规律都是先递增的，④～⑤的变化规律则是呈递减性的，根据经验可以取拐点处的值。

还可以进一步从井旁道上观察不同参数设置对应的反演结果，QC parameters 下打开 Show QC 窗口(图 3－28)，在 Select data 下面左栏选择 section data，在右栏选择 inverted bandpass P－impedance、trendhorizons、P－Impedance bandpass well logs，点击 Apply 弹出 ssi_qc_default，Contrast misfit P－Impedance uncertainty uncertainty QC 窗口(图 3－29)，图中红色曲线代表带通反演结果，蓝色曲线代表带通滤波后的测井纵波阻抗曲线。通过对比找出使两组曲线相关性最好的稀疏性约束因子值，在 QCparameter 界面中 Current 列填入选定的值。

3)子波刻度因子(Wavelet scale factor seismic)。从 Well editor 中的 Estimate wavelet amplitude and phasespectra 提取子波通常可以直接用于反演。但由于提取子波的时窗与反演时窗通常不一致，所以有必要调试子波刻度。QC parameters 窗口中选择 Wavelet scale factor，可将 Lower 值设为 0.25，Upper 值设为 1.75，选择 Generate QC 开始测试。测试方法与上述测试稀疏性约束因子过程一致。

4)合并频率(Merge cutoff frequency)。JGW 用模型中的低频成分替代地震反演得到的纵波阻抗体的低频成分，解决地震数据缺低频成分的不稳定性。关键需要找准地震与模型合并的低频点。具体做法：在 QC parameters 对话框中选 Merge cutoff frequency，然后在 Upper

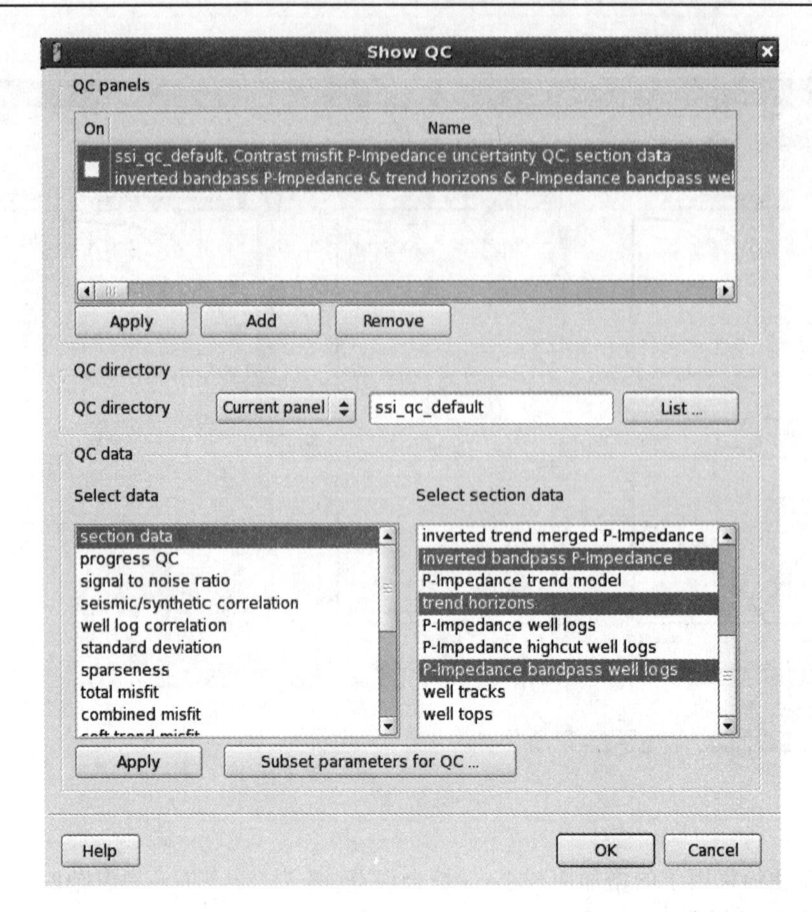
Show QC
QC panels
On
Name
ssi_qc_default, Contrast misfit P-Impedance uncertainty QC, section data
inverted bandpass P-Impedance & trend horizons & P-Impedance bandpass wel
Apply
Add
Remove
QC directory
QC directory
Current panel
ssi_qc_default
List ...
QC data
Select data
Select section data
section data
progress QC
signal to noise ratio
seismic/synthetic correlation
well log correlation
standard deviation
sparseness
total misfit
combined misfit
inverted trend merged P-Impedance
inverted bandpass P-Impedance
P-Impedance trend model
trend horizons
P-Impedance well logs
P-Impedance highcut well logs
P-Impedance bandpass well logs
well tracks
well tops
Apply
Subset parameters for QC ...
Help
OK
Cancel

图 3-28

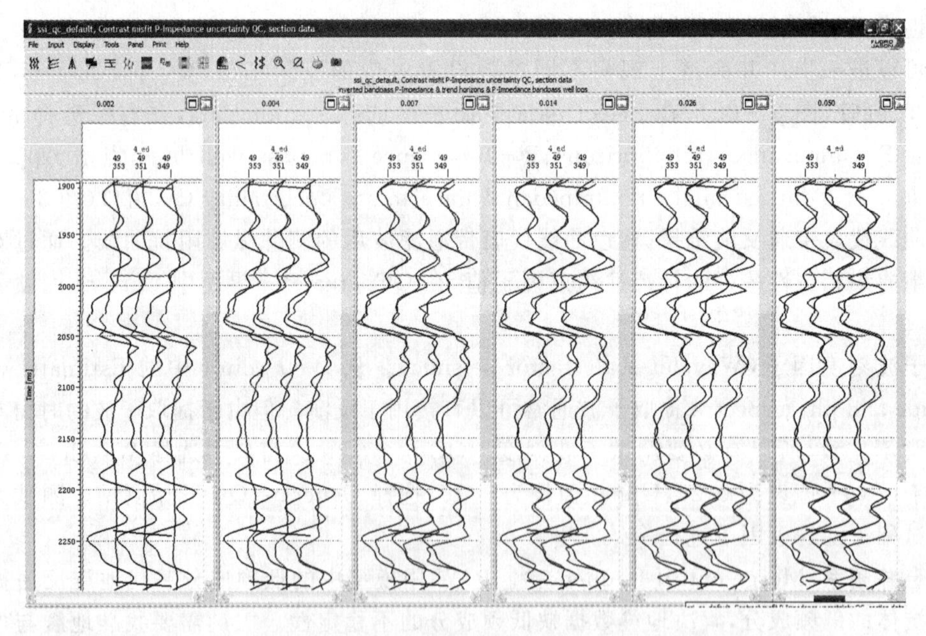
ssi_qc_default, Contrast misfit P-Impedance uncertainty QC, section data
File Input Display Tools Panel Print Help
0.002
0.004
0.007
0.014
0.026
0.050
1900
1950
2000
2050
2100
2150
2200
2250
Time (ms)

图 3-29

与 Lower 对应列中设置测试值的上下限(如 Lower 设为 2,Upper 设为 12),点击 Generate QC 开始测试。测试方法与上述测子波刻度因子过程一致。

(5)运行反演:Output →Generate results,打开 Generate results 窗口(图 3-30)。在 Batch directory 中填写输出反演结果的路径,Output settings 中将 Generate 设置为 Inverted only,最后在 Generate the following output 中选择输出结果。点击 OK,运行反演。

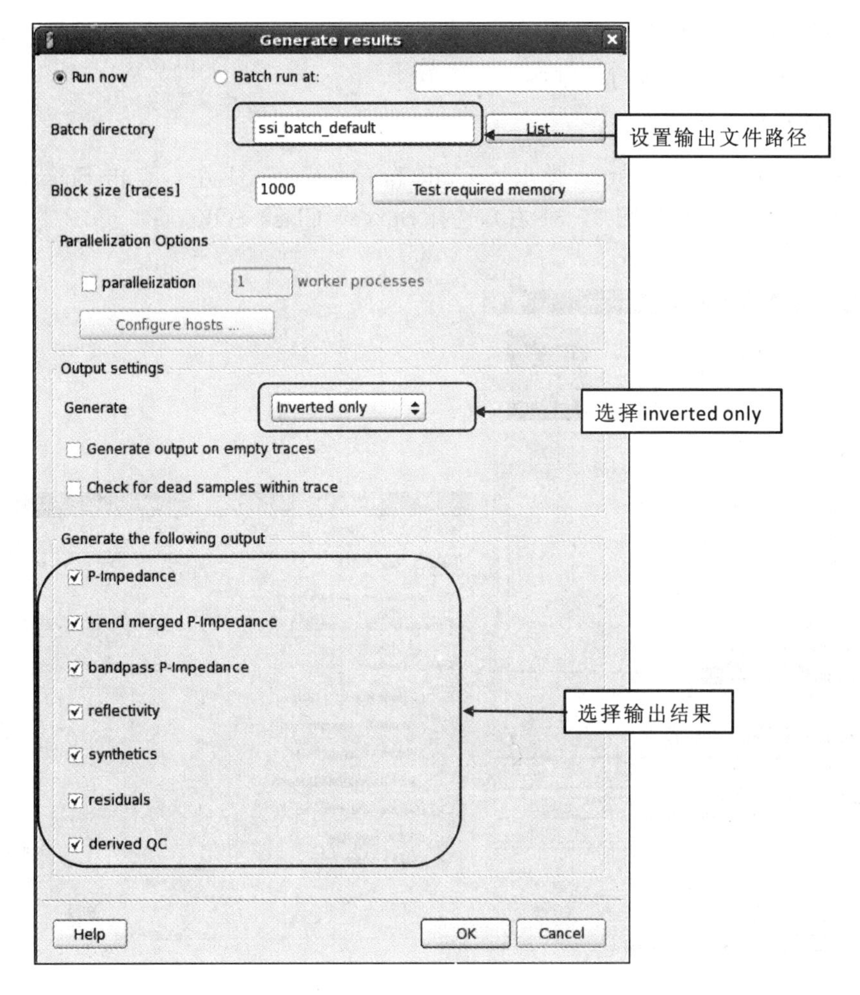

图 3-30

(二)地震属性分析操作指南

以 Geoframe 软件为例,简单介绍常规地震属性的分析。GeoFrame 软件的 Seismic Attribute Toolkit(以下简称 SATK)模块,是一个地震属性计算平台,可以从地震数据中提取大量的信息,帮助解释人员揭示隐蔽性油藏中岩性变化的细节。SATK 通过与 Charisma 和 IESX 模块整合,综合利用各自的优势来分析地震数据,大大提高工作效率。

SATK 是一个独立的应用程序,可以在提取属性时同时进行解释,也可以在单个流程中计算多个地震属性；永久保存计算的数据体，以便在地震解释或 GeoViz 模块中使用，或综合 GeoFrame 的测井-地震属性综合成图(Log Property Mapping)及地震相分析(Seis－Class)的成果来进行即时分析。

SATK 地震属性提出基本工作流程：启动 SATK 模块→选择属性域(Time/Depth)→选择工区、项目及提取范围→设置属性类型及提取参数→运行→显示(剖面、平面或立体方式)→保存。

SATK 模块运行前的准备工作：参考地震资料构造解释操作流程，完成工区层位及断层的解释，并对所采用的层位进行复制备份及插值。

1. 启用模块及模块功能简介

(1)启用：连接工区→Seismic 弹出 Seismic 窗口(图 3－31 左)，点击 Seismic Attribute Toolkit 弹出 SATK 主界面(图 3－31 右)，选择 Survey、Class→OK。

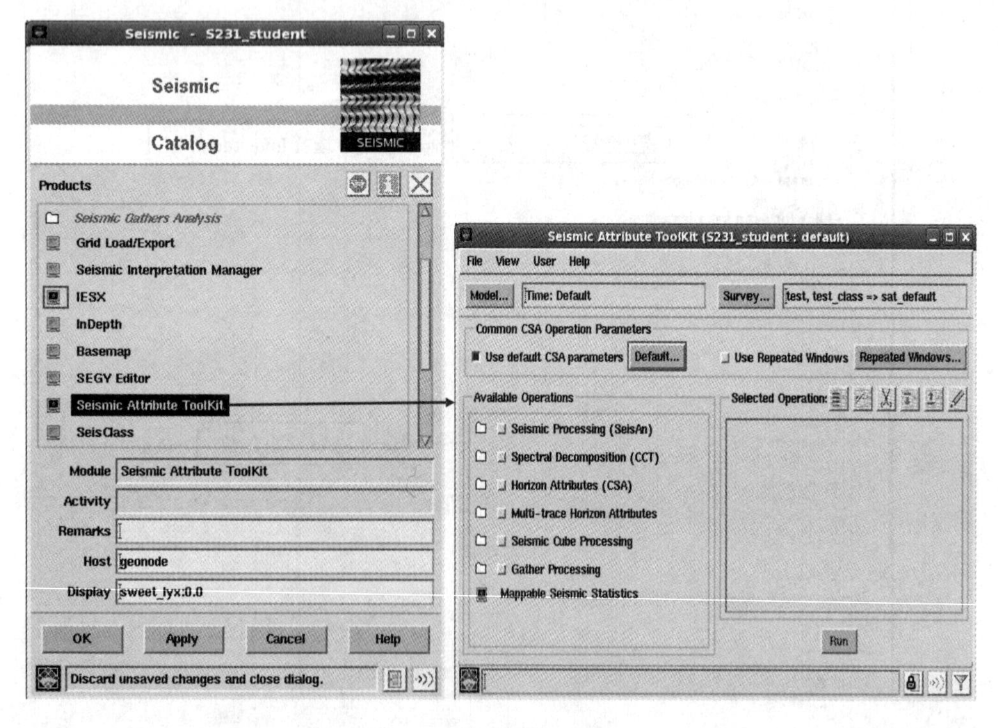

图 3－31

(2)SATK 主界面下文件夹(图 3－31 右中 Available Operatios 下)功能简介：

1)地震处理[Seismic Processing(SeisAn)]：包括地震处理和体属性两个文件夹。在地震数据资料处理文件夹中包括 10 个操作：瞬时频率、瞬时相位、余弦瞬时相位、反射程度、自动增益控制、振幅均一化、相移、滤波、地震体时移、偏差消除；体属性文件夹包含负二阶导数和道积分两个操作。

2)谱分解[Spectral Decomposition(CCT)]：采用余弦相关变换算法把地震从时间域变换到频率域，或把深度序列地震转换成波数体，进而获取频率域/波数体的地震特征参数。

3)层属性[Horizon Attributes(CSA)]：包括计算地震属性(CSA)、轨迹属性类、持续时间属性类、层段属性、转译类属性、频谱类属性、体反射谱属性。

●计算地震属性(CSA):根据指定的窗口来计算的层属性。计算的层属性局限于层位和层位分片或用户所设定的时间(或深度)窗口内。

注意:选择多个 CSA 操作时,其顺序不会影响结果。层属性可以输出并存储在层数据库中。

●轨迹属性类:从所选层所在的上或下半周提取的信息。

●持续时间属性类:除了最高值和最低值,在提取窗口内,用所有完整的周期来计算持续时间的平均值。

●层段属性:在提取时窗中计算振幅的平均值、总和、最大值和最小值。

●转译类属性:层的轨迹属性,为主要参考层以上或以下多达 3 个波峰和 3 个波谷的特征。

●频谱类属性:从估算的能量谱中提取的地震属性,包括总能量、分位属性、谱宽比、中心频率、频带宽度、主频、变化率等。

●体反射强度属性(VRS):对选定范围内每个地震道的反射系数响应进行频谱分析,得到每个层相应的频谱响应。通过数学重建,获取地震道特征值,获得 VRS 属性。

4)多道层属性(Multi - trace Horizon Attributes):包括 GeoFeature mapping 及 Trace Correlation。通过每道与相邻几道进行互相关计算而获得的属性,该属性值提供了一种衡量每道与相邻一道或几道相关性好或差的方法。相关性计算可以在三种窗口模式下进行,即单层、两层或 Z - Z 模式。

5)地震体数据处理(Seismic Cube Processing):包括方差体 Variance Cube 及构造体 Stractural Cube。方差体是通过量化处理地震数据的差异,生成新的相干/方差体数据,突出和强调地震数据的不相关性。构造体 Stractural Cube 包含倾角、方位角、混沌和平滑四个属性。

注意:SATK 中 GeoFeature mapping、道相关、方差体、构造体属性须单独运行。

6)地震统计信息(Mappable Seismic Statistics):不通过道之间的运算,直接从原始道头数据中复制或计算获得统计类地震参数。

2. 默认地震属性(CSA)参数设置

常规地震属性(CSA)参数设置可在 SATK 主窗口设定。这些默认参数设置可用于所有的 CSA 地震属性的计算,而不必为每个操作重新设置参数。

(1)常规地震属性(CSA)参数设置。

SATK 设置有 3 种计算属性的方式,即单层(Single Horizon)、层间(Horizon - Horizon)、时间(深度)-时间(深度)(Z - Z)三种。

单层属性计算参数设置:SATK 主窗口下点击 default,打开 CSA Selection 窗口(图 3 - 32)。Window Specification 选 Single Horizon;Reference Horizon 选定提取属性的层位;确定属性提取时窗的起、止时间,可以以选取的层位为参考向上/向下(Start relative to 的 Direction 选择 Above/Below 实现)确定起始时间,同样通过 End relative to 确定时窗的终止时间;Output Horizon 定义输出属性的层位。

注:一般情况下属性提取的时窗要包括一个完整的波峰或波谷。

层间属性计算参数设置(图 3 - 33):Window Specification 中选 Horizon - Horizon;Reference Horizon 选第一个层位;Second Horizon 选第二个层位;以选定的层位为参考,利用 Start

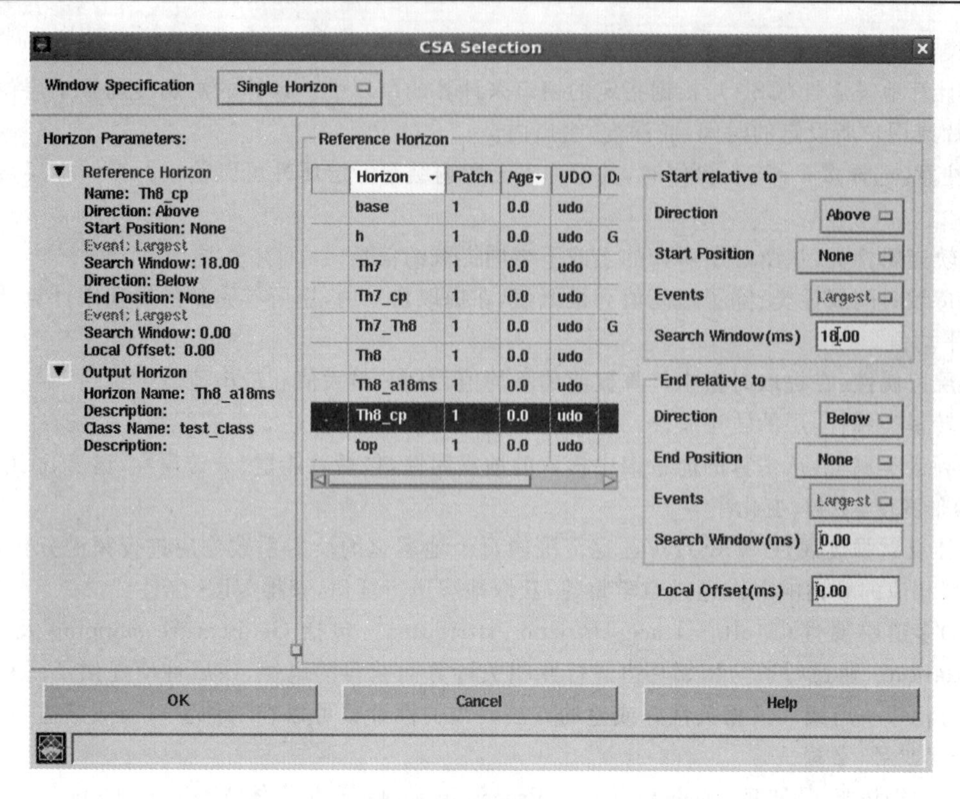
CSA Selection
Window Specification
Single Horizon
Horizon Parameters:
Reference Horizon
Name: Th8_cp
Direction: Above
Start Position: None
Event: Largest
Search Window: 18.00
Direction: Below
End Position: None
Event: Largest
Search Window: 0.00
Local Offset: 0.00
Output Horizon
Horizon Name: Th8_a18ms
Description:
Class Name: test_class
Description:
Reference Horizon
Horizon
Patch
Age
UDO
base
h
Th7
Th7_cp
Th7_Th8
Th8
Th8_a18ms
Th8_cp
top
Start relative to
Direction
Above
Start Position
None
Events
Largest
Search Window(ms)
18.00
End relative to
Direction
Below
End Position
None
Events
Largest
Search Window(ms)
0.00
Local Offset(ms)
0.00
OK
Cancel
Help

图 3－32

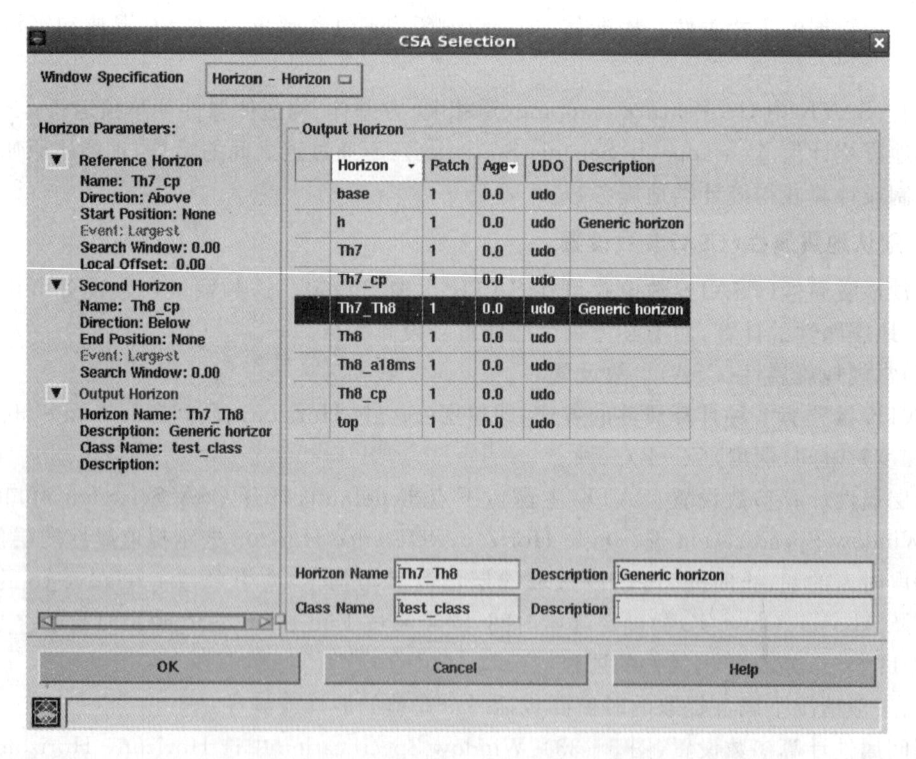
CSA Selection
Window Specification
Horizon - Horizon
Horizon Parameters:
Reference Horizon
Name: Th7_cp
Direction: Above
Start Position: None
Event: Largest
Search Window: 0.00
Local Offset: 0.00
Second Horizon
Name: Th8_cp
Direction: Below
End Position: None
Event: Largest
Search Window: 0.00
Output Horizon
Horizon Name: Th7_Th8
Description: Generic horizor
Class Name: test_class
Description:
Output Horizon
Horizon
Patch
Age
UDO
Description
base
h
Generic horizon
Th7
Th7_cp
Th7_Th8
Th8
Th8_a18ms
Th8_cp
top
Horizon Name
Th7_Th8
Description
Generic horizon
Class Name
test_class
OK
Cancel
Help

图 3－33

relative to/End relative to 的 Direction 灵活设定属性提取时窗。

时间(深度)-时间(深度)属性计算参数设置(图 3－34)：Window Specification 中选择 Z－Z。Start Time 中输入目的层顶界面的时间，End Time 中输入目的层底界面时间。

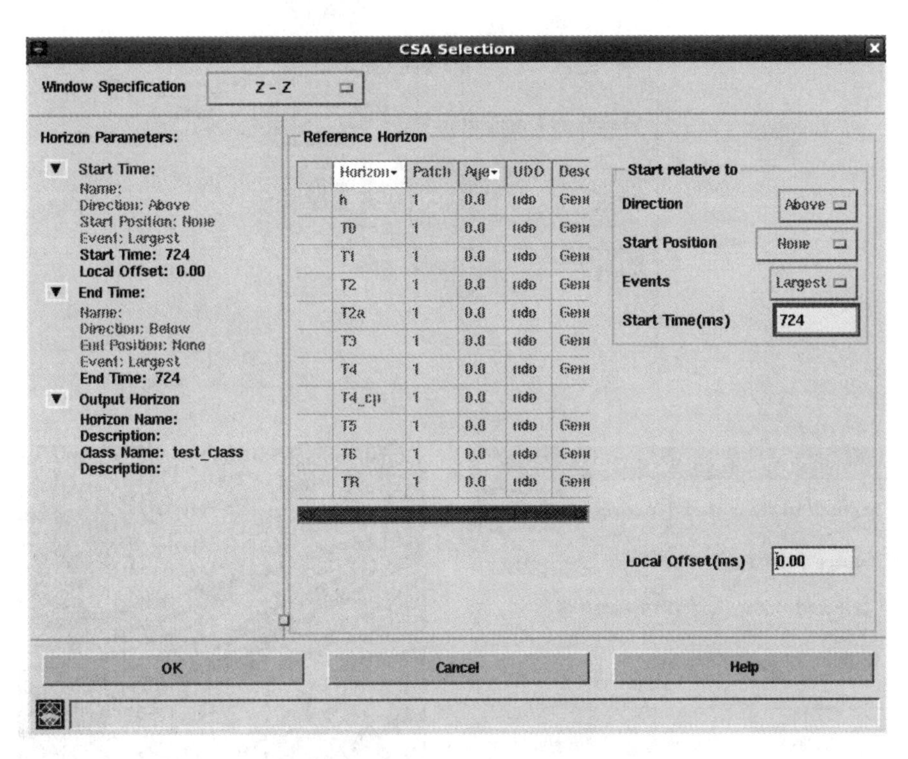

图 3－34

(2)重复窗口设置。在一个计算流程中，可将一定的时间段划分为多个计算窗口，一次完成所有窗口的属性提取。有两种类型的时窗划分方法，即固定时窗和等比例时窗。

固定时窗的设定：主窗口下，选中 Use Repeated Windows，点击 Repeated Window，弹出 Repeated Window 窗口(图 3－35)，选中 Fixed，填写重复窗口个数及时窗(Window of Advance(ms))。如图 3－35 填写的参数表示从参考层位开始，向下重复 3 个窗口(时窗 30ms)进行属性提取。

等比例时窗的设定：在 Repeated Window 窗口内选中 Proportional，Number of Repeated Windows 中填写等比例时窗个数(图 3－36)。图 3－36 中，Number of Repeated Windows 填写参数为“5”，表示将一个目的层段等分为 5 个独立区间(图 3－36 右)，即可以一次完成 5 个窗口的属性提取。

3. CSA 属性提取

在 SATK 主界面下点击 Horizon Attributes(CSA)→Computed Seismic Attributes，下拉框显示为可计算的属性项(图 3－37)，选取要提取的属性项(显示在图 3－37 右侧列表)，点击 Run 即实现属性的提取。

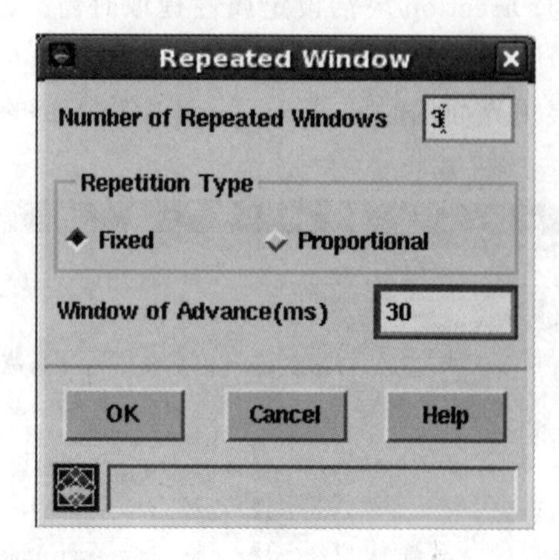

图 3－35

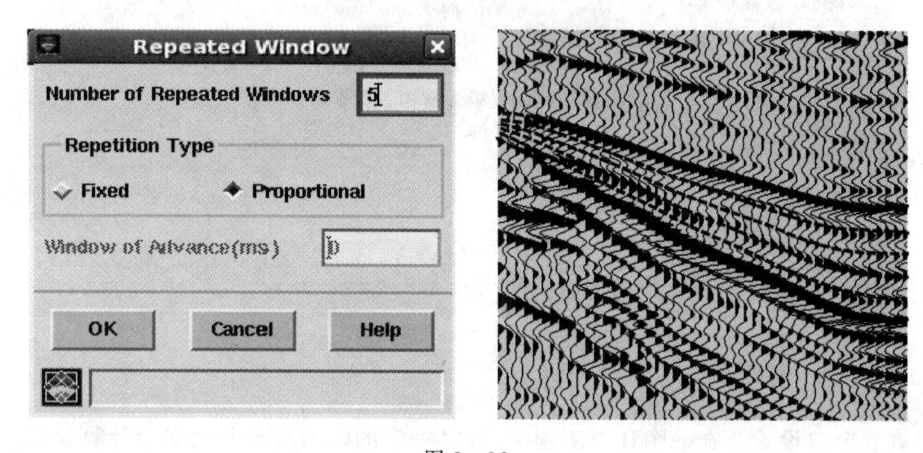

图 3－36

4. 属性显示

可以调用 Seis3DV、BaseMap 及 GeoViz 显示剖面属性、层属性或体属性。如 BaseMap 显示 RMS 属性的操作是：连接工区→SEISMIC→IESX→Application→BaseMap→Post→Interpretation→ Horizon，选择存储地震属性的层位（如 Th7）（图 3－38），在 Attribute 一栏点击下拉箭头（图 3－38 左下侧），选择属性（如 RMS_Amplitude），点击 OK→Apply，BaseMap 界面便显示为属性的平面分布（图 3－39）。点击 Basemap 左侧图标弹出 Spectrum 对话框（图 3－39 右侧），选择 User define→Set to Window，调节数值范围，使属性分布显示效果达到最佳（图 3－39）。

四、课程实习内容和要求

1. 熟悉储层预测基本思路，掌握储层预测的原理和主要技术。

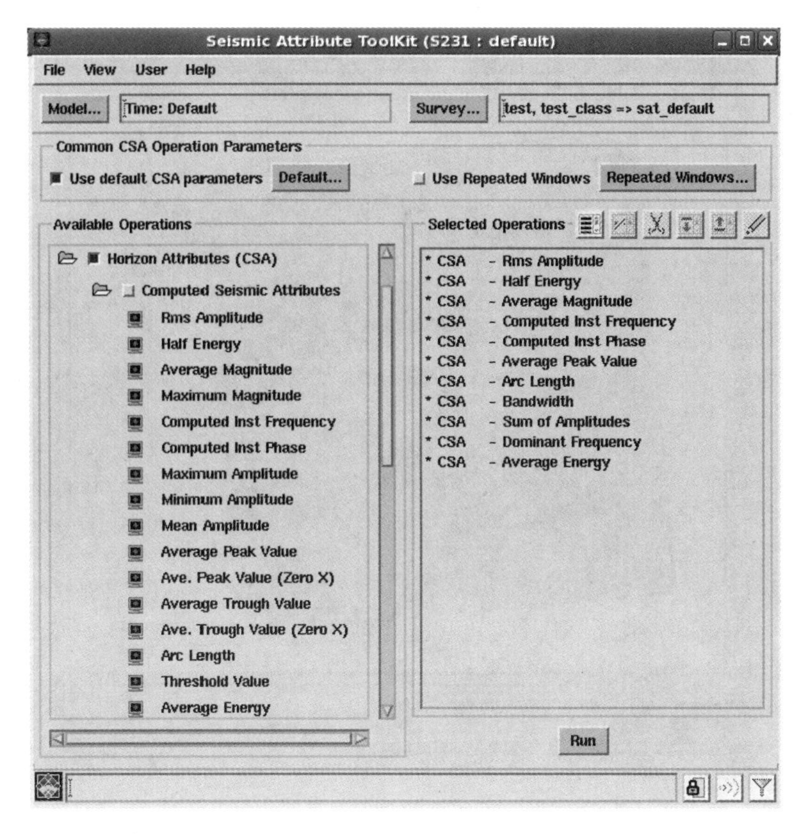
Seismic Attribute ToolKit (S231 : default)
File View User Help
Model... Time: Default
Survey... test, test_class => sat_default
Common CSA Operation Parameters
Use default CSA parameters Default...
Use Repeated Windows Repeated Windows...
Available Operations
Horizon Attributes (CSA)
Computed Seismic Attributes
Rms Amplitude
Half Energy
Average Magnitude
Maximum Magnitude
Computed Inst Frequency
Computed Inst Phase
Maximum Amplitude
Minimum Amplitude
Mean Amplitude
Average Peak Value
Ave. Peak Value (Zero X)
Average Trough Value
Ave. Trough Value (Zero X)
Arc Length
Threshold Value
Average Energy
Selected Operations
* CSA - Rms Amplitude
* CSA - Half Energy
* CSA - Average Magnitude
* CSA - Computed Inst Frequency
* CSA - Computed Inst Phase
* CSA - Average Peak Value
* CSA - Arc Length
* CSA - Bandwidth
* CSA - Sum of Amplitudes
* CSA - Dominant Frequency
* CSA - Average Energy
Run

图 3－37

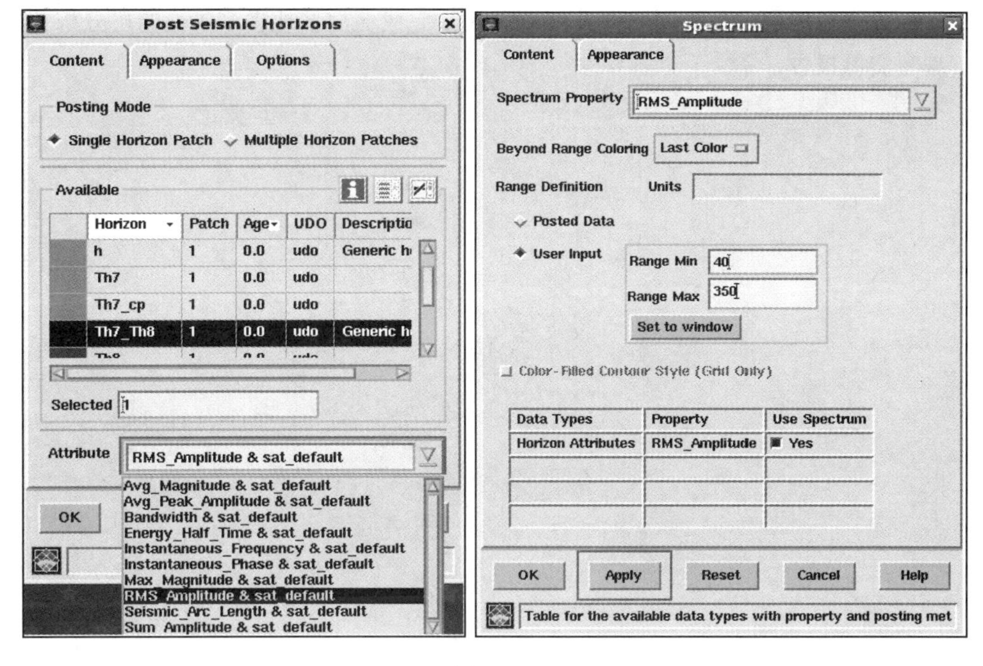
Post Seismic Horizons
Content Appearance Options
Posting Mode
Single Horizon Patch Multiple Horizon Patches
Available
Horizon Patch Age UDO Descriptio
h 1 0.0 udo Generic h
Th7 1 0.0 udo
Th7_cp 1 0.0 udo
Th7_Th8 1 0.0 udo Generic h
Selected 1
Attribute RMS_Amplitude & sat_default
Avg_Magnitude & sat_default
Avg_Peak_Amplitude & sat_default
Bandwidth & sat_default
Energy_Half_Time & sat_default
Instantaneous_Frequency & sat_default
Instantaneous_Phase & sat_default
Max_Magnitude & sat_default
RMS_Amplitude & sat_default
Seismic_Arc_Length & sat_default
Sum_Amplitude & sat_default
OK
Spectrum
Content Appearance
Spectrum Property RMS_Amplitude
Beyond Range Coloring Last Color
Range Definition Units
Posted Data
User Input
Range Min 40
Range Max 350
Set to window
Color-Filled Contour Style (Grid Only)
Data Types Property Use Spectrum
Horizon Attributes RMS_Amplitude Yes
OK Apply Reset Cancel Help
Table for the available data types with property and posting met

图 3－38

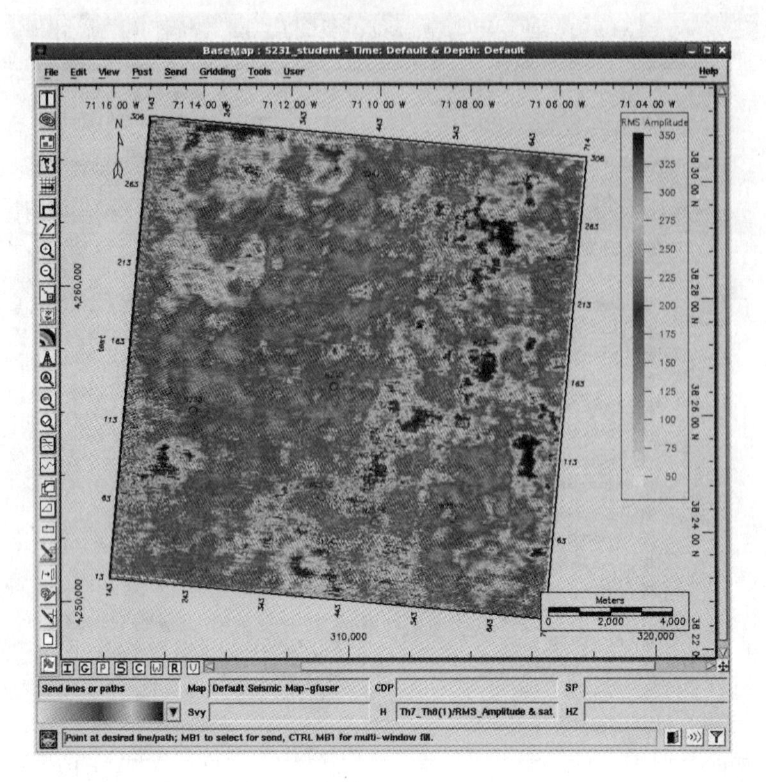

图 3-39

2. 了解叠后地震反演基本流程及实现方法。

3. 掌握三维地震资料的地震属性及分析方法。完成一层多地震多属性储层分析预测。

4. 编写实习报告。

实习材料一　HGZ 地区三维地震资料构造解释

实例：中国西部柴达木盆地 HGZ（红沟子）地区三维地震资料构造解释。

一、盆地区域地质概况

柴达木盆地位于青藏高原北缘，36°～39°N 和 91°～98°E 之间，东西长达 850km，南北宽约 250km，是阿尔金山、祁连山和昆仑山之间的山间盆地，海拔高度 2600～3200m，地势自西北向东南倾斜，西北部广布第三纪疏松地层经风蚀而成的残丘和雅丹地貌，海拔 3000～3200m，东南凹陷区海拔 2700m 左右，堆积了巨厚的第四纪洪积和湖积层。红沟子构造位于盆地西部阿尔金山前带，地面为一向东南倾没的断鼻，西侧为红沟子-月牙山断裂，东北为新近系小梁山生油凹陷，南接第三系沟南生油凹陷。在区域构造格局中，研究区处于阿尔金斜坡区干柴沟-红沟子断鼻带和红沟子-南翼山挤压背斜褶皱带的结合部（图 4-1）。研究区出露地层主要有侏罗系、下油砂山组、上油砂山组和狮子沟组。其中，上、下油砂山组有较大面积的油砂出露。

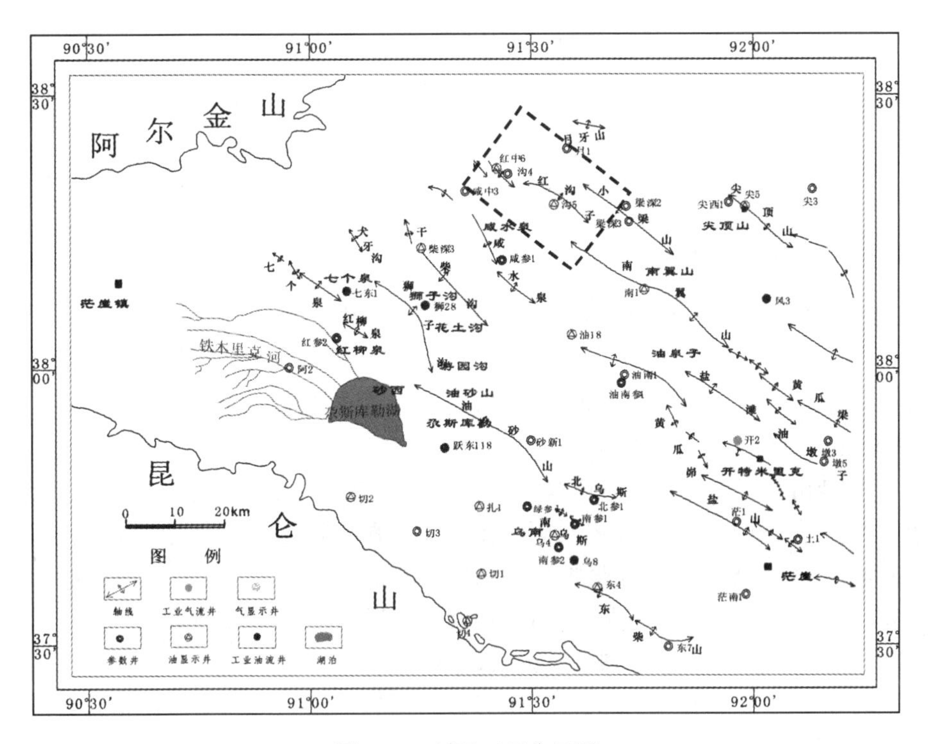

图 4-1　SGZ 工区位置图

HGZ地区主要发育新生界地层，自下而上有路乐河组(E_{1+2})、下干柴沟组下段(E_3^1)、干柴沟组上段(E_3^2)、上干柴沟组(N_1)、下油砂山组(N_2^1)、上油砂山组(N_2^2)和狮子沟组(N_2^3)及第四系的七个泉组，基底为花岗岩(图4－2)。

时代 (Ma)	地层				分层代号	地震标准层
	系	统	组	段		
2.8	第四系	全新统 更新统	七个泉组		Q_{1+2}	T_0
	新近系	上新统	狮子沟组 (5.1Ma)		N_2^3	T_1
		中新统	上油砂山组 (12Ma)		N_2^2	T_2'
24.6			下油砂山组 (24.6Ma)		N_2^1	T_2
	古近系	渐新统 (38Ma)	上干柴沟组 (40.5Ma)	上段 (32.8Ma)	N_1	
				下段 (38Ma)		T_3
		始新统 (54.9Ma)	下干柴沟组 (52Ma)	上段 (42.8Ma)	E_3^2	T_4
				下段 (52Ma)	E_3^1	T_5
65		古新统	路乐河组		E_{1+2}	TR
	白垩系				K	T_6

图4－2 柴达木盆地西部新生代地层与地震层序对应关系

二、层位标定及标准层反射特征分析

反射标准层的确定，是构造解释的重要基础。工区主要标准层反射特征如下(图4－3)：

T_1：上油砂山组顶界反射。为中、弱振幅、平行、连续反射。

T_2'：上油砂山组底界反射。为较弱振幅、连续、平行反射结构。上油砂山组层段内地层为中振幅、较高频率、连续性好的平行反射。工区往西有发散反射结构，地层变薄。

T_2：下油砂山组底界反射。为强振幅、连续性好的平行反射。该层段内地层为中、强振幅、较高频率、连续性好的平行反射。工区往西有发散反射结构，地层变薄。

T_3：上干柴沟组底界反射。为中、强振幅、平行、连续或断续反射。该层段为一套弱振幅背景下出现局部断续中、强振幅、平行或亚平行反射结构。工区向西反射振幅整体增强，频率增高，并出现较杂乱反射。

T_4：下干柴沟组上段底界反射。为中振幅、亚平行、断续反射。该层段为弱振幅背景下，

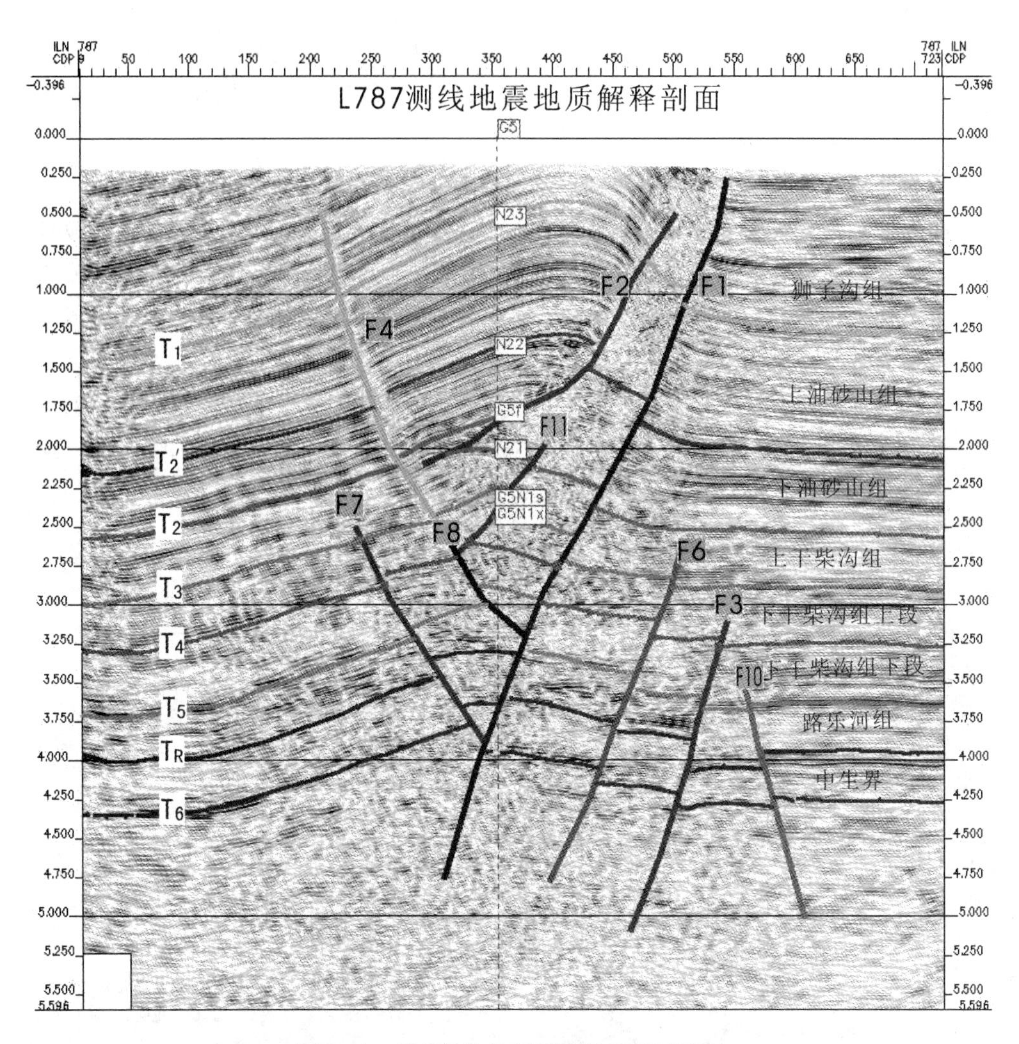

图4-3　似花状构造剖面特征(L787测线)

断续出现中、强振幅，亚平行的反射。总体上反射能量较上干柴沟组强。工区向西反射振幅整体增强，频率增高，并出现较杂乱反射。

T_5:下干柴沟组下段底界反射。为强振幅、较连续、低频亚平行反射。该层段整体强振幅反射，为断续、亚平行反射，部分为波状反射。工区向西能量增强。

T_R:路乐河组底界反射。为强振幅、低频、较连续或断续亚平行反射。该层段整体为中、强振幅，断续、亚平行波状反射。工区北部反射能量相对较弱。向西能量增强。

T_6:基底反射。为亚平行、波状反射结构，低频强振幅、连续性差。

三、断裂及构造解释剖面解释

研究区主要发育似花状构造、生长逆断层、对冲构造、断展背斜构造样式。

1. 似花状构造

似花状构造是工区最主要的构造样式。如图 4－3 所示，由东向西发育清晰，且断层活动由东向西变强。在西端与北北东向断层交切而复杂化。工区这种非典型的花状构造是阿尔金山走滑作用与昆仑山向北挤压共同作用的结果。

2. 生长逆断层

工区西端发育产状大致相同或渐变、断层倾向造山带的逆冲断层，所夹断块组成冲断构造，且同一地层下降盘厚度明显大于上升盘厚度（图 4－4），这种生长逆断层是广泛发育柴达木盆地的重要构造，其发育的主要原因是造山带向盆地的持续挤压作用，且与挤压背景下基底的差异升降有关。

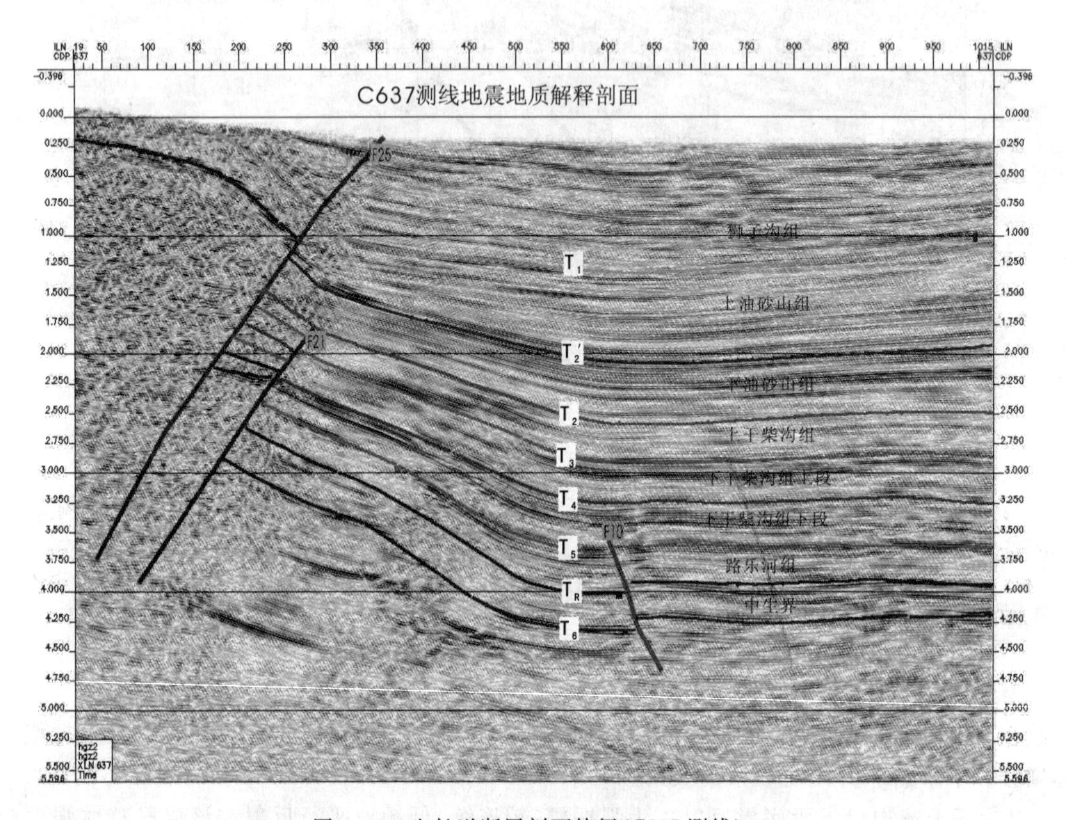

图 4－4　生长逆断层剖面特征（C637 测线）

3. 对冲构造

工区西北端，剖面山上断层由南向北逆冲，与 F1 断层（由北向南逆冲）组成对冲构造，反映了昆仑山和阿尔金山的共同挤压作用（图 4－5）。

4. 断展背斜

工区背斜的形成与 F2 逆冲活动密切相关，是喜马拉雅运动晚期的产物，属于断展背斜（4－6）。工区中部背斜隆起条带在西端与北北东向断层相交形成断鼻构造，浅层表现尤为明显。

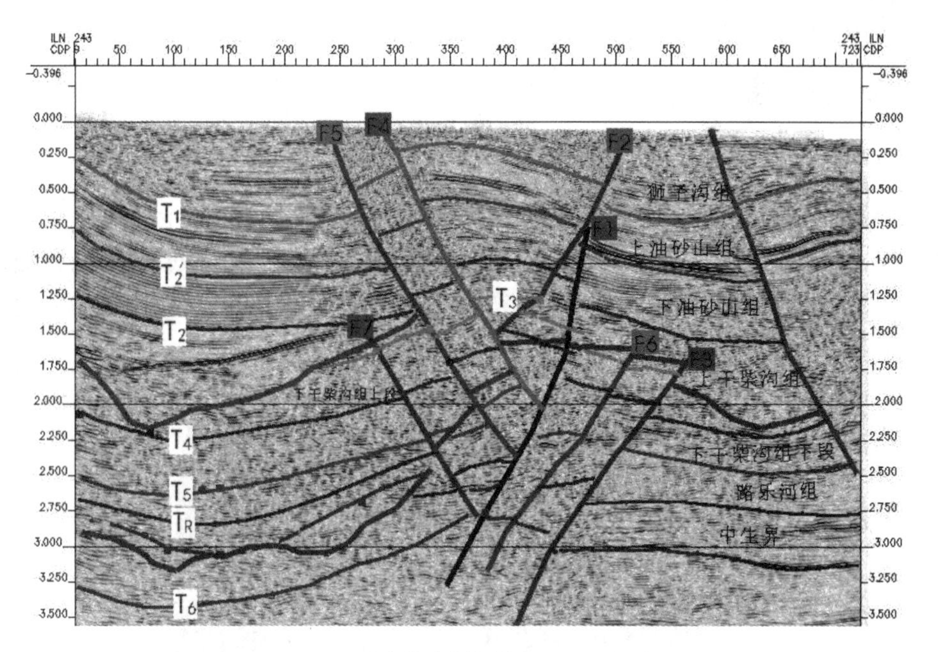

图 4-5　对冲构造剖面特征(L243 测线)

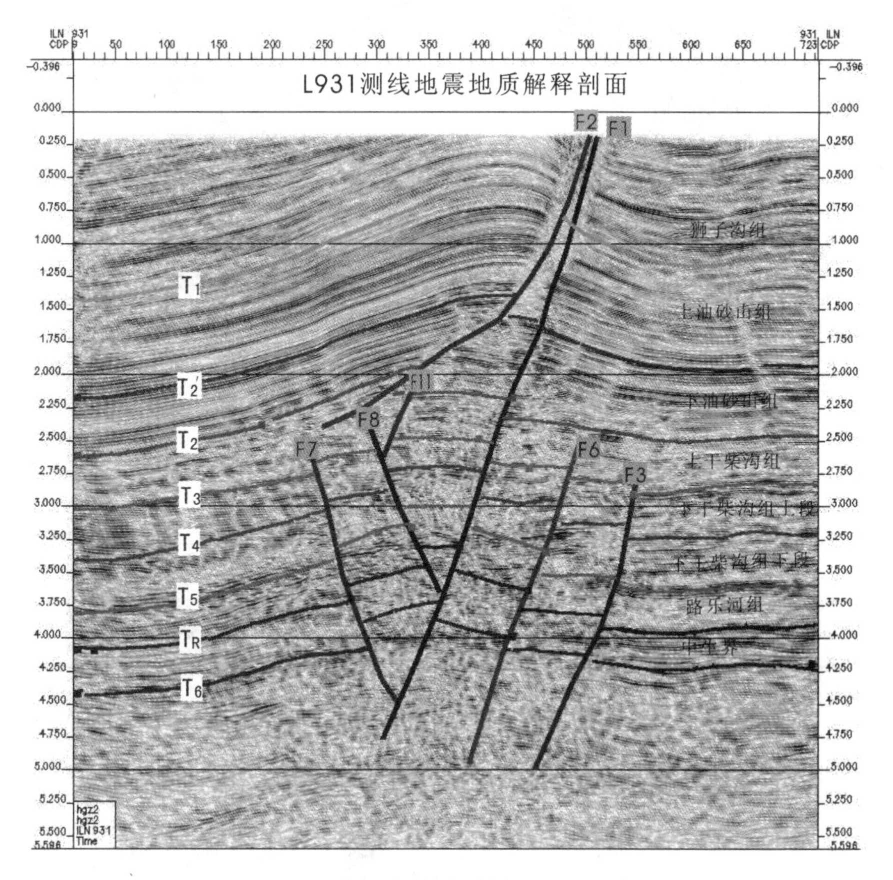

图 4-6　断展背斜剖面特征(L931 测线)

四、断裂体系

研究区受阿尔金山走滑、隆升和南北向挤压力的共同作用,形成了以走滑作用为主的北东向逆冲断层、挤压应力作用为主的北西向断层和以压扭应力作用为主的近北北西向断层。断层发育在横向上具有不均衡性。贯穿工区的北西(北西西)向断层西段活动剧烈,东段活动较弱(图 4-7)。工区西端地表地下条件极为复杂,地震资料品质差,断层的识别需要构造解释模型的指导。

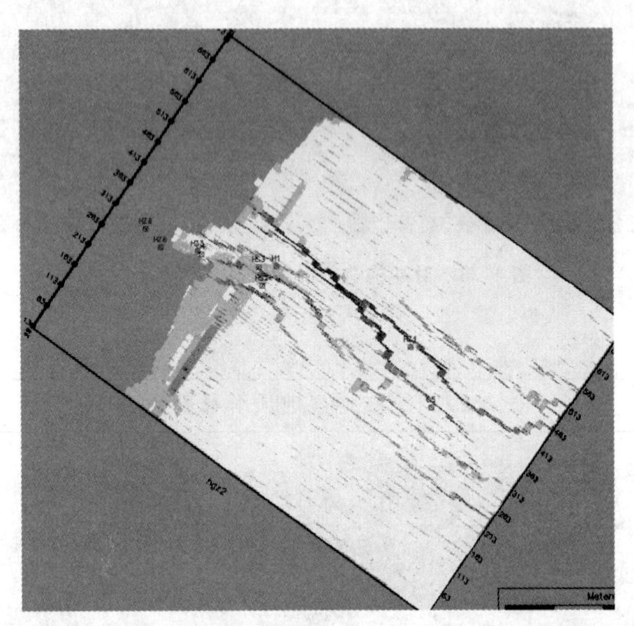

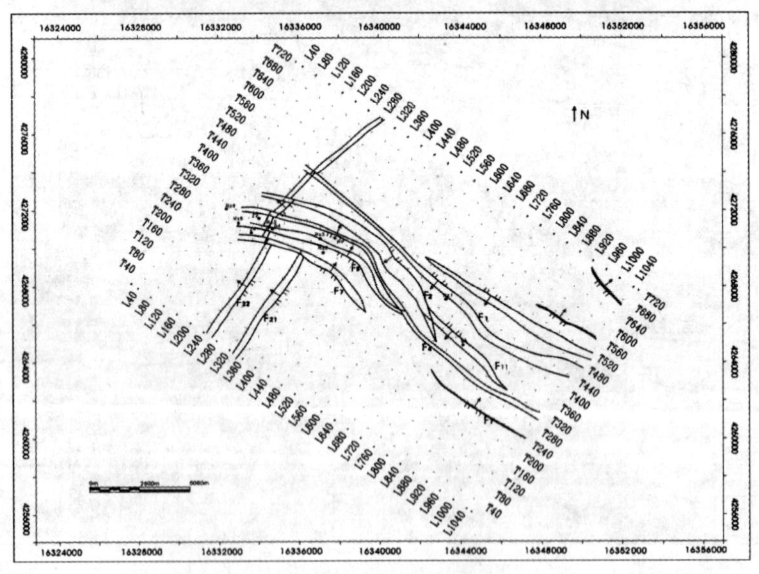

图 4-7　HGZ 地区 T_3 断裂体系分布图(上为沿层相干切片,下为断层展布图)

五、速度分析

采用地震速度谱资料，结合 G4、G5 等井地震测井速度可以获取平均速度场，如图 4－8 所示，为 HGZ 地区 T_3 平均速度立体可视化显示及等值线图。本区的沿层平均速度由东往西速度增大，到 Hz1 井附近出现最大，且 Hz1 以南及东北方向速度在 8 全区为最大。再往西速度渐小。浅层中区出现低值条带，与挤压突起对应。总的来看沿层平均速度平面变化大，主要受地层埋深影响，与地层埋深成正比。

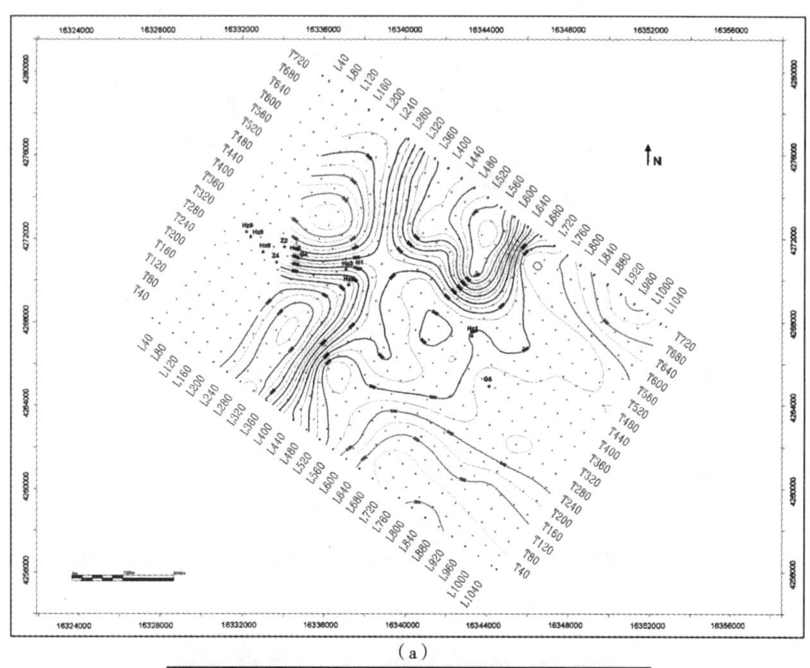

(a)

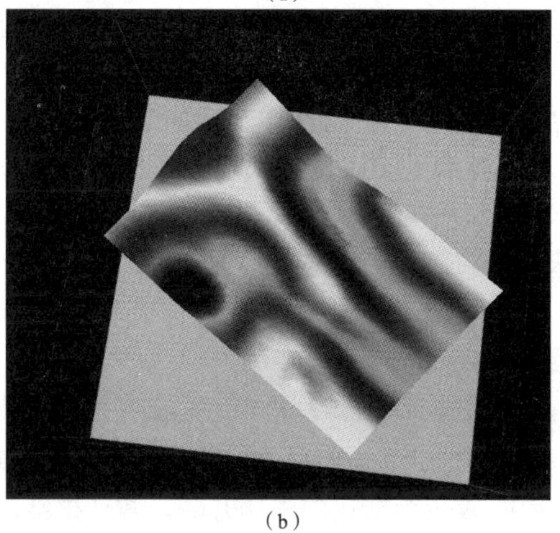

(b)

图 4－8　HGZ 地区 T_3 平均速度平面分布图

(a)等值线图；(b)可视化显示

六、变速成图及三维可视化显示

获取平均速度场后，便可由等 T_0 图进行变速时深转换获得等深度图，图 4 - 9 为 HGZ 地区 T_3 等深度图。

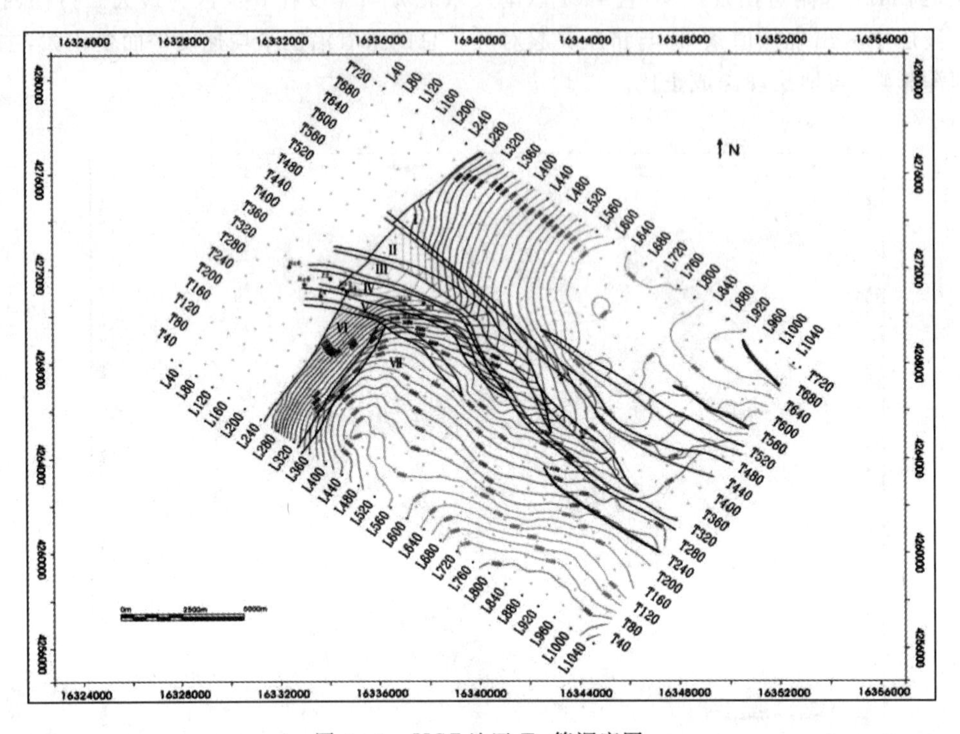

图 4 - 9　HGZ 地区 T_3 等深度图

解释成果合理性确认是构造综合解释的重要内容。三维可视化技术不仅能够更直观地反映地下构造断裂的空间展布关系，也可以帮助解释工作者确认断层及构造解释的合理性。图 4 - 10 为 HGZ 地区构造解释三维可视化图，图中显示断裂体系清晰，褶皱和地层展布协调符合地质规律。可视化图清楚地展示了工区似花状构造在横向上的展布特点及断层的交切关系，同时也能看出浅层褶皱发育，为一长轴背斜。由此推断浅层以寻找背斜(断背斜)、断鼻有利构造圈闭，深层则以断块构造为主。

七、断裂构造演化分析

红沟子地区新生代的构造演化可分为四期，即喜马拉雅运动Ⅰ幕—Ⅳ幕。喜马拉雅运动Ⅰ幕构造运动以块断运动为主，表现为断块的整体升降。喜马拉雅运动Ⅱ幕以抬升、挤压运动为主，在 N_1 沉积末期形成构造雏形。喜马拉雅运动Ⅲ幕为强褶皱、挤压、抬升期，在 N_2^3 末期构造基本定型。喜马拉雅运动Ⅳ幕第四系时期的新构造运动挤压、褶皱，对先期构造定型、改造，形成现今构造格局(图 4 - 11)。

图4-10 HGZ地区构造解释三维可视化显示图

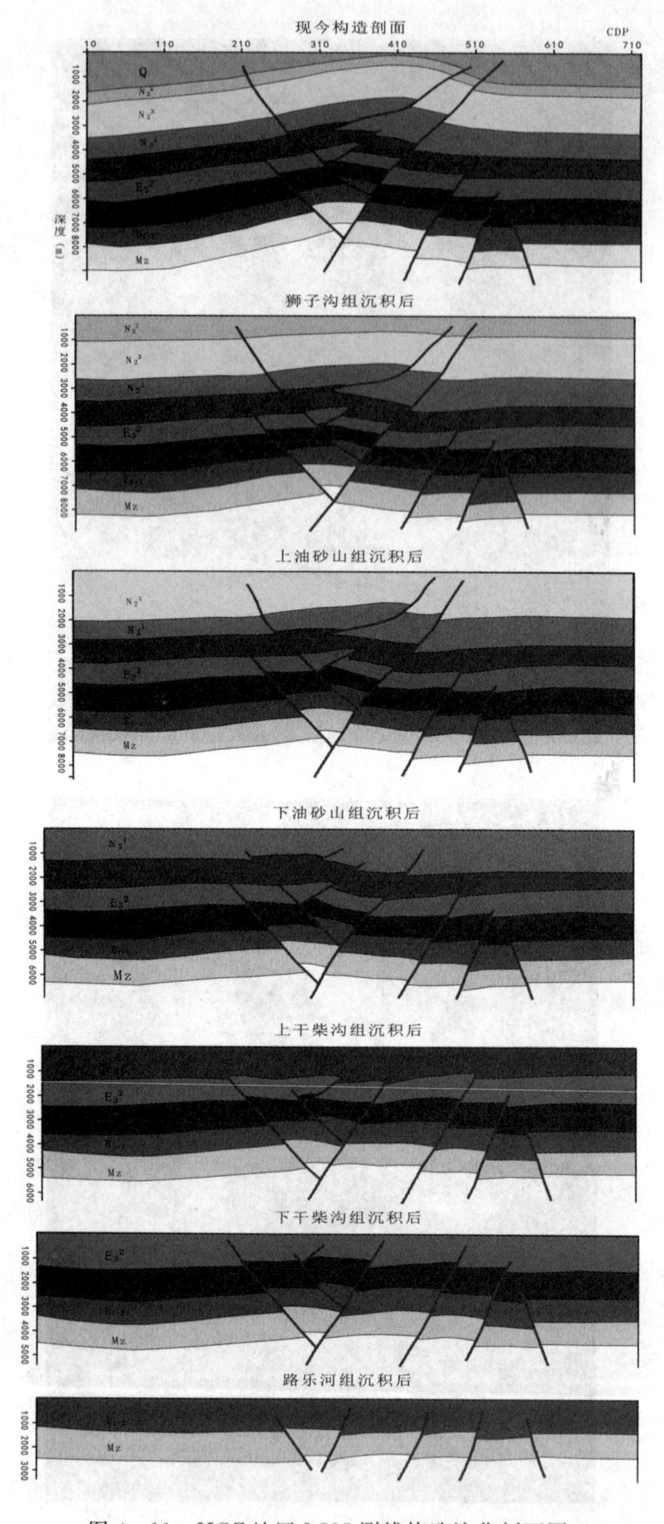

图 4－11　HGZ 地区 L787 测线构造演化剖面图

研究区主要断层活动时间长，具有继承性。多数断层属于生长性逆断层，早期活动较强，中期相对较弱，晚期也较强。次级断层的发育具有分期性。除控制洼陷沉积的大断层外，喜马拉雅运动Ⅰ幕形成的断层，次级断层在 E_3^2 沉积时停止活动。喜马拉雅运动Ⅱ幕形成的次级断层部分继承了喜马拉雅运动Ⅰ幕的断层，在 N_1 沉积结束时停止活动。喜马拉雅运动Ⅲ幕形成的次级断层为强褶皱挤压所致，断面缓，一般只断浅层，部分可断至 N_1 地层。喜马拉雅运动Ⅳ幕的断层主要发育在第四系，多出露地表。

构造的形成分阶段性，褶皱形成时期晚于断层，即“先断后褶”，且形成较晚，主要在新近纪和第四纪。新近纪末期和第四纪背斜核部挤压滑脱而增厚，形成现今的构造形态。

实习材料二　SESY区块有利储层预测及目标选择

实例：鄂尔多斯盆地靖边气田陕231(SESY)区块盒8段有利储层预测。

基本任务：利用层序地层学理论，建立地层层序格架，利用测井资料开展沉积微相及砂体展布特征分析；分析地震反射结构及地震微相特征，以及与砂体展布的关系；综合地震叠后反演阻抗、地震属性分析、地震频谱分解、吸收衰减分析等方法预测盒8段有利储层。

一、研究区地质概况

1. 研究区地理位置

靖边气田位于鄂尔多斯盆地的中东部，陕西省靖边、安塞、横山县与内蒙古自治区乌审旗区境内，以靖边县为中心，北至巴彦柴达木，南至安塞，东至横山县，西至巡检县。其地质构造隶属于鄂尔多斯盆地的伊陕斜坡构造单元，是一个东倾的大单斜(图5-1)。

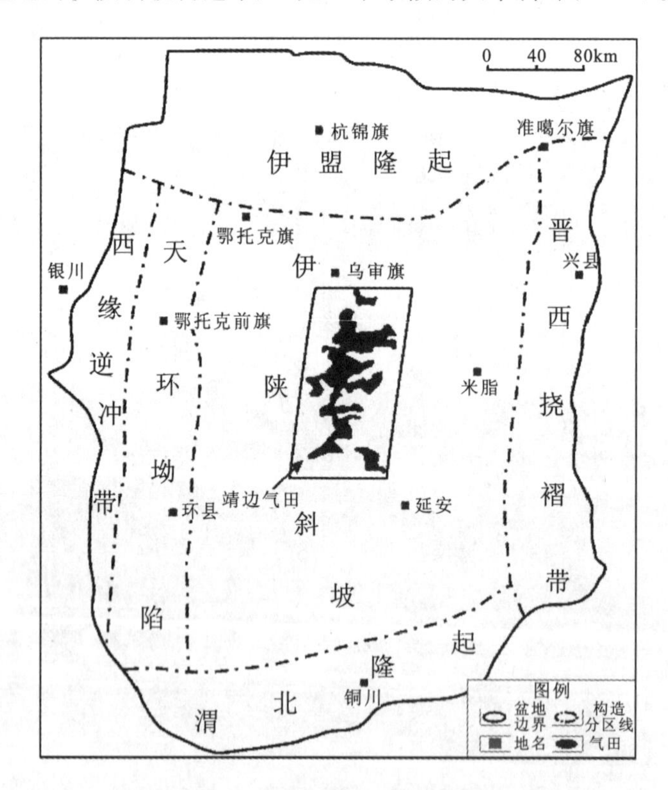

图5-1　研究区工区位置图

2. 工区地震地质特征

靖边气田地表条件异常复杂。以长城为界，北部为浩瀚的毛乌素沙漠，南部为沟壑纵横的黄土高原。北部沙漠区波状和蜂窝状沙丘广布，地表高差几米至近百米。潜水面一般几米，但在高沙丘、大沙梁、古河床、"黑梁"带等复杂地区，可深达几十米。南部黄土塬区，表层广覆厚几十米到300多米的黄土。经长期的风化剥蚀，形成了沟、塬、梁、峁、坡并存的独特地貌景观，沟塬高差达几百米。

复杂的表层地震地质条件，给地震的资料采集、处理带来了巨大的困难，主要表现在：①潜水面埋藏深且横向变化大，激发、接收条件差；②巨厚疏松黄土和干沙层，对地震波的吸收、衰减作用强烈；③黄土塬和沙漠区地形复杂，低降速带横向变化剧烈，须采用高精度方法做好静校正；④原始资料信噪比低，干扰严重，须使用有效方法压制干扰波，突出有效波，提高分辨率和信噪比。

3. 区域地层概况

鄂尔多斯盆地古生界地层自下而上发育着奥陶系马家沟组，石炭系本溪组，二叠系太原组、山西组、下石盒子组、上石盒子组和石千峰组(表5-1)。靖边气田上古生界致密砂岩气藏主力产气层为下石盒子组盒8段及山西组，上古生界最有利的气藏层系之一是奥陶系马家沟组马五段。

(1)下奥陶统马家沟组(O_2m)。奥陶系马家沟组是一套潮坪沉积的碳酸盐岩储集系统，局部地区受马家沟组末期加里东构造抬升的影响，马家沟组上部马六段及马五1亚段小层部分遭受风化溶蚀和白云化作用。储层主要位于马五段，为一区域性产气段。该层段地层厚度稳定，岩性可比性强。尤其是马五1—马五5亚段内部白云岩小层，横向分布十分稳定。

(2)中石炭统本溪组(C_2b)。本溪组与下伏奥陶系呈平行不整合接触，底部为铁铝土岩，上部为灰黑色—灰色泥岩、粉砂岩、细砂岩，夹不稳定的薄煤层或煤线，局部夹薄层灰岩透镜体。厚度一般为10～40m，盆地由东向西呈超覆式分布。该组地层分布范围较小，中央古隆起、伊盟隆起、渭北隆起等地区部分缺失，东西沉积区厚度和岩性差异较大。根据沉积序列及岩性组合，自下而上分为本二段、本一段。

(3)上石炭统太原组(C_3t)。太原组连续沉积于本溪组之上，以发育灰岩为特征。地层展布范围已广布盆内绝大部分地区，岩性主要为泥晶生物灰岩、灰黑—黑色泥岩、砂质泥岩及灰白色石英砂岩、煤层。

盆地东西地层差异较显著。地层西厚东薄，前者50～200m，后者30～60m。太原组依其沉积序列与岩性组合分为太1段和太2段。

(4)下二叠统山西组(P_1s)。以"北岔沟砂岩"之底为底界，与下伏太原组为区域冲刷面接触，以K3标志层"骆驼脖砂岩"之底为顶界。该组岩性主要为深灰—灰黑色泥岩、粉砂岩及中细砂岩，中下部夹薄煤层，地层厚度一般为90～120m。该组地层东、西部厚度差异明显变小，而在南北向上表现为中间厚、南北薄的变化特征。山2段是本区主力气层之一，为一套三角洲含煤碎屑岩地层，岩性主要是浅灰色细—粗粒岩屑砂岩或石英砂岩，夹薄层粉砂岩、泥岩和煤层，厚度一般40～60m。

表 5-1　靖边气田地层简表

界	系	统	油组	厚度(m)	岩性描述	接触关系
中生界	白垩系			700	灰色、紫红色砾岩、棕红色泥岩、棕红色巨大交错层砂岩	不整合接触
	侏罗系	中统	安定组	100	灰黑色页岩，砂岩及泥砂岩	
			直罗组	300	上部紫红色泥岩、灰黑色泥页岩、灰白色砂岩，下部砂岩含砾	假整合接触
		下统	延安组	210	灰黑色泥岩与灰白色厚层块状中细砂岩夹煤层，底部发育巨厚含砾粗砂岩	不整合接触
	三叠系	上统	延长组	850	深灰色泥岩及浅灰色细砂岩、粉砂岩	
		中统	纸坊组	180	紫褐色、紫红色粉砂质泥岩与砂岩互层	
		下统	和尚沟组	200	以棕红色、紫红色泥岩、砂质泥岩为主，常含灰质结核，夹少量紫红色砂岩或砂砾岩	
			刘家沟组	290	上部为灰白色、杂色细砂岩、粉砂岩、粉砂质泥岩及灰紫色中砾岩；下部以灰紫色细砂岩为主夹薄层粉砂岩及泥质粉砂岩	
上古生界	二叠系	上统	石千峰组	240～300	棕红、浅棕红色细砂岩、泥质砂岩与紫红色泥岩、砂质泥岩略等厚至不等厚互层，底浅棕红色中砂岩	
		中统	石盒子组	260～290	上部紫红、绿灰色泥岩、砂质泥岩与棕红、灰、绿灰色细砂岩、泥质砂岩略等厚互层，以泥岩为主，局部间夹棕红色中砂岩。下部绿灰、灰色泥岩、砂质泥岩与灰、灰白色粗砂岩、含砾粗砂岩不等厚互层，以含砾粗砂岩为主	
		下统	山西组	80～100	上部深灰色泥岩、砂质泥岩与灰、灰白色含砾粗砂岩、泥质砂岩不等厚互层。下部深灰泥岩、砂质泥岩与灰黑色碳质泥岩、黑色煤互层，局部间夹灰色泥质砂岩	
			太原组		深灰、灰黑色泥岩、碳质泥岩与黑色煤互层，局部间夹灰色中砂岩、深灰色泥灰岩	
	石炭系	中统	本溪组		深灰色泥岩、灰色砂岩、页岩、石灰岩、灰白色铝土岩和褐铁矿及煤层组成	不整合接触
下古生界	奥陶系	下统	马家沟组（马5段）	90～110	灰、灰褐色白云岩、泥质白云岩夹薄层深灰、灰黑色云质或灰质泥岩，下部夹薄层灰白色石膏，底部为灰白色盐岩夹膏质盐岩层	

(5)中二叠统下石盒子组(P_2x)。以 K3 标志层之下的“骆驼脖砂岩”为其底界，与下伏山西组为区域冲刷面接触。该组地层展布范围继续扩大，岩性以黄绿色和灰绿色含砾粗砂岩、中砾粗砂岩、岩屑质石英砂岩与杂色泥岩不等厚互层，厚 140～160m。总体变化规律与山西组相似，呈中间厚、南北薄的变化特征。电阻率曲线表现为高阻段，自然电位曲线多呈箱状或舌状。

依其沉积旋回，由上而下分为四个气层段，即盒5、盒6、盒7、盒8段。其中盒8段地层主要为浅灰一灰绿色岩屑质石英砂岩与灰色泥岩不等厚互层，厚度约30m，且在全区分布比较稳定，是上古生界主力气层之一。

(6)中二叠统上石盒子组(P_2s)。与下伏地层整合接触，岩性主要为一套互层状紫红色泥岩和砂质泥岩，厚度160m左右，盆地分布呈中间厚、南北薄的变化特征。该组与下伏地层相比，泥岩的颜色鲜艳，分布面积大而稳定，是盆地古生界的一套区域性盖层。电阻率曲线低且平直，根据岩性组合自上而下又进一步细分为盒1、盒2、盒3、盒4四个段。

(7)上二叠统石千峰组(P_3sh)。为上古生界最顶部的地层，厚250m左右，在全区分布稳定，为一套紫红色、砖红色砂岩与紫红色砖红色砂质泥岩不等厚互层，剖面上构成两套由粗到细的正旋回，电阻率曲线表现为明显的两高一低。

4. 区域沉积背景

鄂尔多斯盆地是一个多构造体系、多旋回演化、多沉积类型的克拉通盆地。盆地经历了中晚元古代的拗拉谷发展阶段、早古生代浅海台地发展阶段。早古生代，盆地内部浅海台地形成较厚的碳酸盐岩。加里东构造旋回期，中亚-蒙古海槽的海底向南俯冲，秦岭海槽的海底向北俯冲，在南北对挤作用下华北克拉通拱曲抬升，从而使盆地普遍抬升进入长期风化剥蚀淋滤作用发育的风化壳储层发育阶段，同时整个盆地缺失上奥陶统—下石炭统沉积地层。至晚古生代进入滨海平原阶段，在此期间经历了从海到陆、从河到湖、从潮湿到干旱的古地理演化过程，沉积了一套滨浅海相、三角洲相、近海湖泊相及河流相含煤碎屑岩。所沉积的上古生界地层包括中上石炭统本溪组、太原组、二叠系山西组、下石盒子组、上石盒子组、石千峰组，全区缺失下石炭统，本溪组假整合于奥陶系灰岩剥蚀面上。其沉积历史可划分为两个阶段，第一阶段从中石炭统本溪组至上石炭统太原组，主要发育一套海陆过渡相的碎屑岩沉积；第二阶段从下二叠统的山西组至上二叠统石千峰组，主要为陆相湖泊沉积。根据盆地中部各井的岩芯观察、岩石沉积结构和构造、古生物、沉积韵律及岩电组合等资料综合分析，认为本区石炭系和二叠系沉积体系类型主要有三角洲沉积体系、河流沉积体系、湖泊沉积体系和海岸沉积体系。

靖边气田马五段处在古潜台经受侵蚀、切割、溶蚀的强烈作用的顶部，研究区自西向东都被古沟槽切割。形成了台地-沟槽相嵌的格局。作为地表岩溶和地下水排泄的主要通道，沟槽西部为汇水区，东部为泄水区，沟槽形成时遵循向源侵蚀原理，多呈“V”字型，故对西部区域的地层切割程度较东部地层的要严重。沟槽发育区的上游方向，由于靠近水源补给区，水流充足，排泄流畅，地表地下径流活跃，岩溶孔洞及管道格外发育。沟槽的形成，不仅有利于岩溶空间的发育，而且是地表和地下水排泄的主要通道。在地壳运动的控制下，不断协调地下潜水面及地区侵蚀基准面的变化。

(1)早古生代沉积体系展布特征：鄂尔多斯盆地靖边地区早古生代奥陶系马家沟组为一套海相碳酸盐岩夹蒸发岩的沉积序列，其形成以周期性潮汐作用和无强烈风浪作用为特点，沉积物较细、较稳定，以泥、粉晶石灰岩或白云岩为主，夹硬石膏岩，常含砂屑、生物屑，具有韵律性强、成层性好、分布广的沉积特点。奥陶系马家沟组马五段的沉积环境是一个海水咸化，水体很浅，经常暴露的低能沉积环境，即蒸发潮坪环境。马五1—马五5亚段岩石以晶粒结构为主，少见鲕粒、内碎屑。岩石中石膏、盐岩等蒸发矿物发育，干裂、溶斑、鸟眼、藻纹层、生物钻孔和扰动等构造类型丰富，反映了水体浅、能量低、循环不畅、干热蒸发的碳酸盐蒸发潮坪沉积环境。地层沉积稳定，岩性组合特征明显，岩石矿物组分存在规律性变化。

(2)晚古生代沉积体系展布特征可细分为如下几种。

1)中石炭统本溪组。本溪组下部为海岸沉积体系的潮坪砂坝沉积,仅在靖边—志丹一线的东边孤立分布2~3个小型砂坝,砂体厚度小于5m。由于海侵的影响,本溪组上部主要发育三角洲前缘的水下分流河道沉积和潮坪砂坝沉积,前者主要分布于横山以北地区,有两支呈北北东长条状展布,后者分布在横山以南地区,呈南北向砂坝展布特征,砂体厚20~50m,宽数十米。本溪组潮坪沉积砂体发育较为局限,三角洲前缘沉积规模也很小,因此难以形成好的储集层。

2)上石炭统太原组。上石炭统太原组沉积初期,海侵扩大,北部以三角洲沉积体系为主,南部以海岸沉积体系的潮坪沉积为主,二者分界线在靖边。北部的三角洲前缘水下分流河道砂体大致为北北东向展布,有3条分支,呈鸟足状向南伸入潮坪中,砂体厚5~7m。太原组上部,本区海侵范围最大,以碳酸盐岩潮坪为主,仅在灰岩之间有零星砂坝沉积。

3)下二叠统山西组。二叠统沉积初期,受华北陆块抬升影响,海水从鄂尔多斯盆地迅速退出,山西组以三角洲沉积体系为主。山西组下部三角洲平原沉积广泛发育,以两条分流河道和分流间沼泽沉积为主体,分流河道砂体展布宽,且相互叠置,其展布形态由最初的鸟足状变为朵状。山西组上部主要以靖边以北的三角洲平原和以南的三角洲前缘沉积为特征,北部三角洲平原主要由两条南北向的分流河道和洪泛平原沉积为主,分流河道砂体呈南北狭长条状展布,厚15~35m。南部三角洲前缘由一条南北向的水下分流河道和数个指状砂坝沉积组成,指状砂坝分布局限,仅在三角洲前缘入湖处可见,砂体厚度薄,范围小,厚4~22m。水下分流河道砂体在三角洲前缘的根部较厚,向端部逐渐变薄,厚3~15m。

4)下二叠统下石盒子组。下石盒子组沉积初期,由于北部伊盟隆起的强烈抬升,海岸线向南逐渐退出鄂尔多斯盆地,盆地沉积体系演变为陆相湖泊三角洲沉积体系。靖边以北依然为三角洲平原沉积,由四条分流河道和洪泛平原沉积组成,分流河道砂体具有多期次叠置特征,厚40~70m,形成好的储集体,其中陕173和陕148井试气成功。靖边以南主要为三角洲前缘水下分流河道和指状砂坝沉积。水下分流河道只有一支,南北向展布,砂体多期次叠置,厚30~60m。指状砂坝只发育在三角洲前缘根部,范围小,厚30~40m,陕47井试气成功。

5)上二叠统上石盒子组和石千峰组。上石盒子组和石千峰组在全区以湖泊沉积体系为主,主要为陆缘近海湖泊的滨浅湖沉积,岩性以泥岩为主,夹薄层粉砂岩,厚120~240m。至石千峰组沉积末期,全区已被充淤填满,演变为洪泛平原沉积,岩性主要为紫红色砂泥岩,厚120~180m。

二、地球物理特征分析及储层层位标定

1. 地球物理特征分析

分析储层岩石地球物理特征,尤其是岩石孔隙中流体对岩石弹性参数的影响,确定地震属性与岩石状态及其流体属性之间的关系,是地震资料的储层定量解释的基础,也是减小地震解释不确定性的必要前提。

利用钻井、测井资料分析盒8段至本溪组不同岩性地震速度,可以得出研究区地震速度分布规律(图5-2)。

(1)盒8段—本溪组碎屑岩沉积地层中砂岩速度最高,砂泥岩互层次之,泥岩速度较低,煤

层速度最低，具有明显的四分性，为该区利用速度信息预测砂岩储集体提供了依据。

(2)盒 8 段—山 2 段含气砂岩速度降低后往往与砂泥岩互层交织在一起，但气层一般厚度仅有 2～5m，并且夹持在砂层组或单砂体之间。从地震所预测的一个砂层组或一个砂体(5～10m 以上)的平均层速度、平均密度、平均波阻抗值来看，它们高于砂泥岩互层。因此，利用速度、波阻抗信息预测砂岩储集体时可以寻找高速或高阻抗中的相对低值部分。

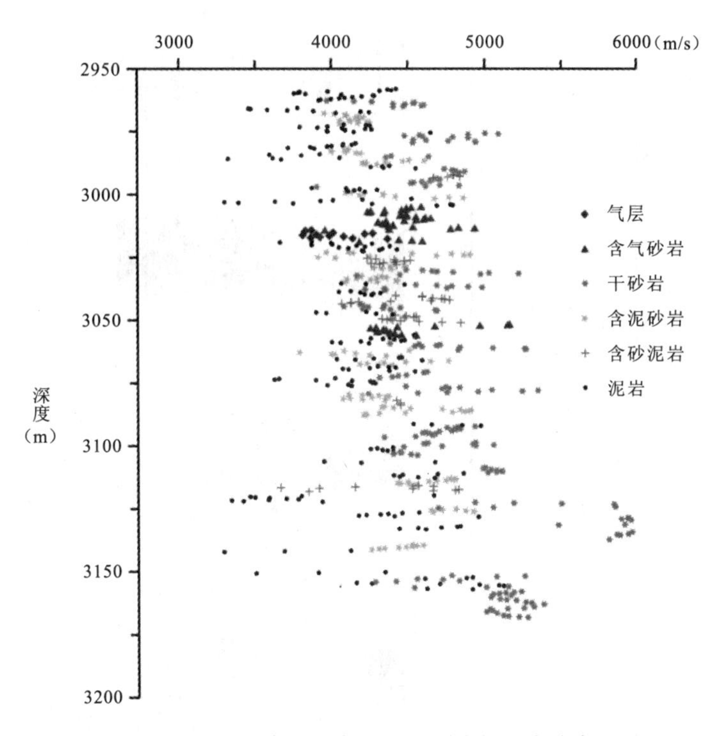

图 5－2　靖边气田北部地区不同岩性速度分布

2. 储层地震标定及反射特征分析

工区目标标定结果如下(图 5－3、图 5－4)：

Th7：标定为波谷，相当于二叠系石盒子组盒 7 段底部附近反射，对应砂泥岩互层地层，波阻抗差异小，反射能量弱，同相轴连续较差。反射时间主要在 1710～1840ms 之间。

Th8：标定为波谷，相当于二叠系石盒子组盒 8 段底部附近反射，为砂泥地层，波阻抗差异小，反射能量弱，同相轴连续较差。反射时间主要在 1740～1870ms 之间。

Tp9：标定为波峰，相当于二叠系山西组山 2 段中下部厚煤顶部附近反射，反射能量的变化与山 2 段中下部煤层发育程度密切相关。煤层发育则反射能量中—强，同相轴连续较好。反之，则反射能量减弱，同相轴连续性变差。反射时间主要在 1760～1860ms 之间。

Tc2：标定为波峰，相当于石炭系本溪组顶部煤层附近反射，能量强。呈强振幅反射、连续性好、同相轴连续光滑，是全区的标志反射层。反射时间主要在 1790～1890ms 之间。

Tc：标定为波谷，相当于奥陶系顶面侵蚀面附近反射，能量中—强。在非沟槽区其构造起伏形态与 Tc2 标准层有较好的相似性、继承性，因此在对比时，Tc2 标准层具有良好的参考作

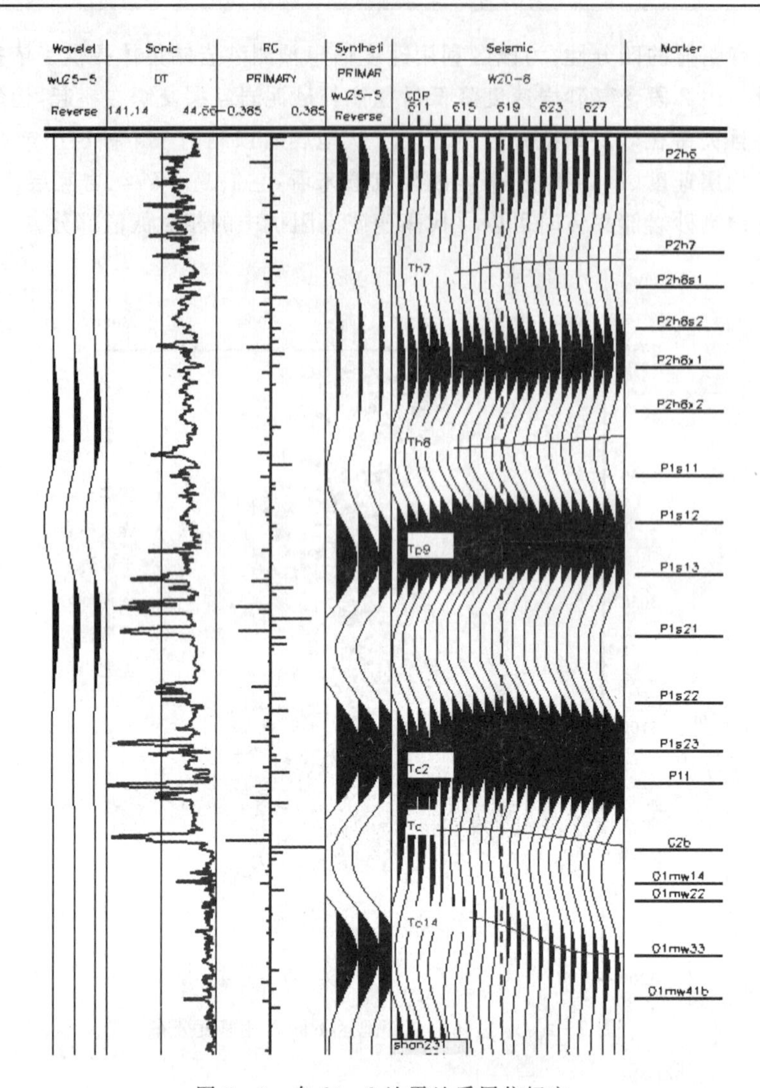

图 5-3　乌 20-8 地震地质层位标定

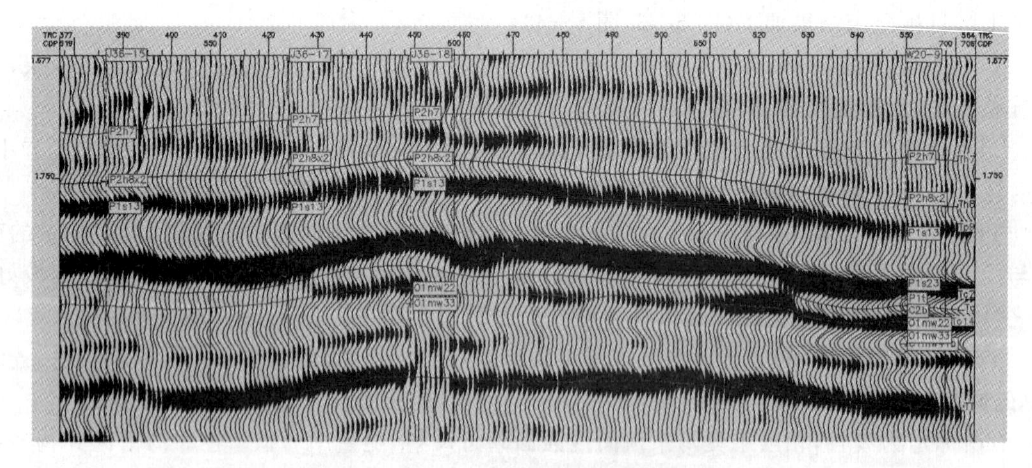

图 5-4　line234 测线地震地质层位标定

用，反射时间主要在 1810～1910ms。

To14：标定为波峰，相当于奥陶系马家沟组马五段二亚段（马五 2）底部附近反射，能量中—弱。在非沟槽区其构造起伏形态与 Tc2 标准层有较好的相似性、继承性，因此在对比时，Tc2 标准层具有良好的参考作用，反射时间主要在 1815～1875ms。

三、盒 8 段碎屑岩储层的综合预测

采用综合波形分类分析、地震属性分析、地震叠后反演及地震分频技术等，对砂体作出定量的预测。

1. 地震微相分析

利用地震道形状即波形特征对某一层间内的实际地震数据道进行逐道对比，得到地震异常平面分布规律，并在地质及井信息的约束下进行地震相划分，使地震相具有地质相或油气藏变化等定性解释意义。采用 Landmark 软件中的 Classify Waveforms 模块对盒 8 段上下亚段进行波形分类，得出盒 8 段上段、盒 8 段下段地震波形分类平面图（图 5－5），结合钻井、测井沉积微相分析认为，图中由红色和橙色组成的区域与砂体发育的分流河道、天然堤或决口扇微相有较好的对应，蓝色和绿色组成的条带则对应砂体不发育的分流间湾等微相。

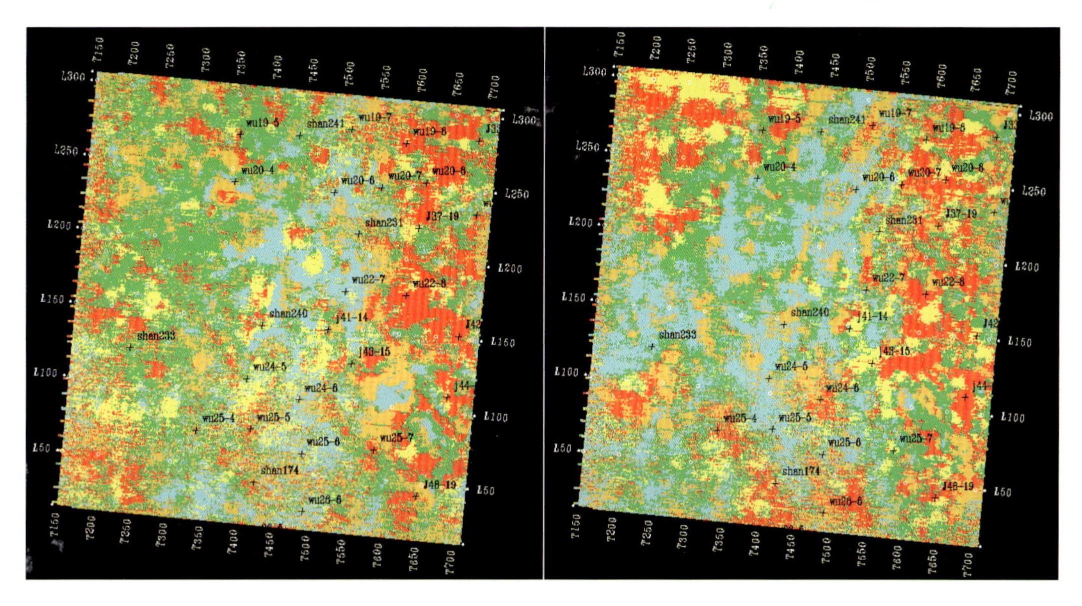

图 5－5 盒 8 段波形分类平面图（左：盒 8 段上亚段，右：盒 8 段下亚段）

2. 地震波阻抗反演

应用 Jason 软件重点对盒 8 段储层开展叠后反演。成果显示：反演剖面揭示砂体沿北东－南西向连续性较好（图 5－6），东西向连续分布范围相对较小（图 5－7）。平面上连续分布的相对高阻抗带与叠置砂体有较好的对应关系（图 5－8），盒 8 段下亚段相对砂体发育，砂体主要沿 W19－7－S231－W24－6－S174 条带分布，工区东北角未钻探区砂体也发育；盒 8 段上亚段砂体分布有继承性，但砂体规模相对较小，且东北部砂体不发育。

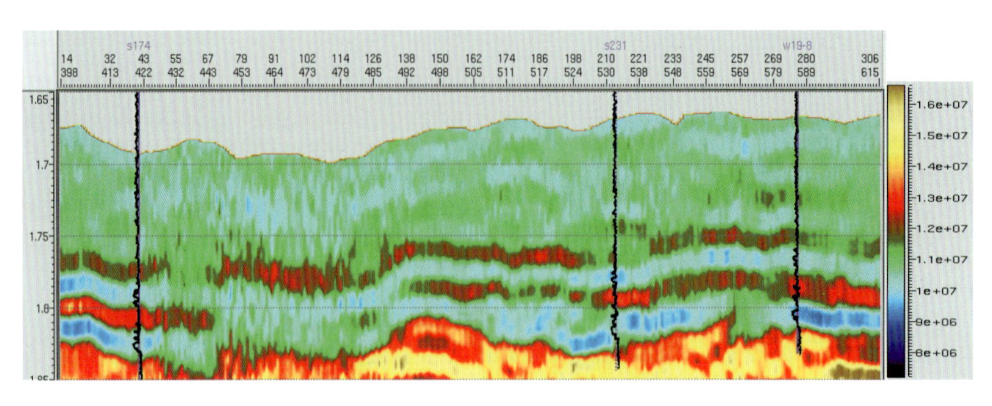

图 5-6　北东-南西向地震反演剖面

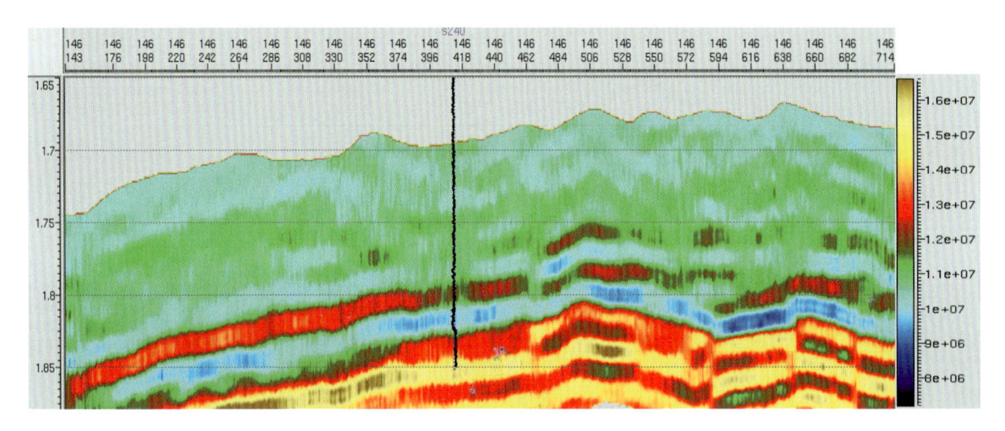

图 5-7　东西向(L146 测线)地震反演剖面

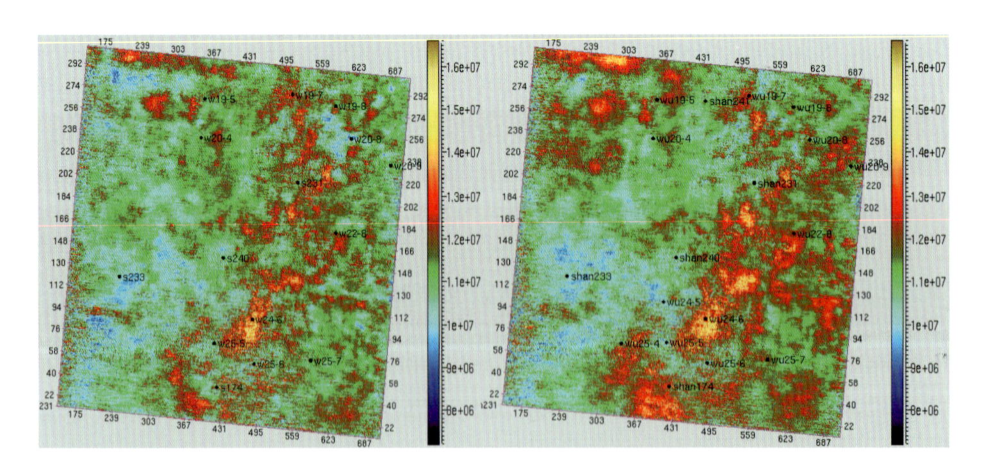

图 5-8　盒 8 段波阻抗平面分布图(左:盒 8 段上亚段,右:盒 8 段下亚段)

3. 地震属性分析

可采用 Landmark 软件的 RAVE 模块,或 Geoframe 软件的 Seismic Attribute Tookit 模块开展单属性提取分析。盒 8 段地震属性分析显示,瞬时频率、瞬时相位、振幅类属性(平均振幅、总振幅、均方根振幅)、弧长及能量半衰时等多种属性与砂体分布或储层含气性有一定的对应关系。

研究区三维地震资料沿层振幅属性提取分析显示，总体上振幅属性较强与含砂率高有较好的对应关系(图 5 - 9)。

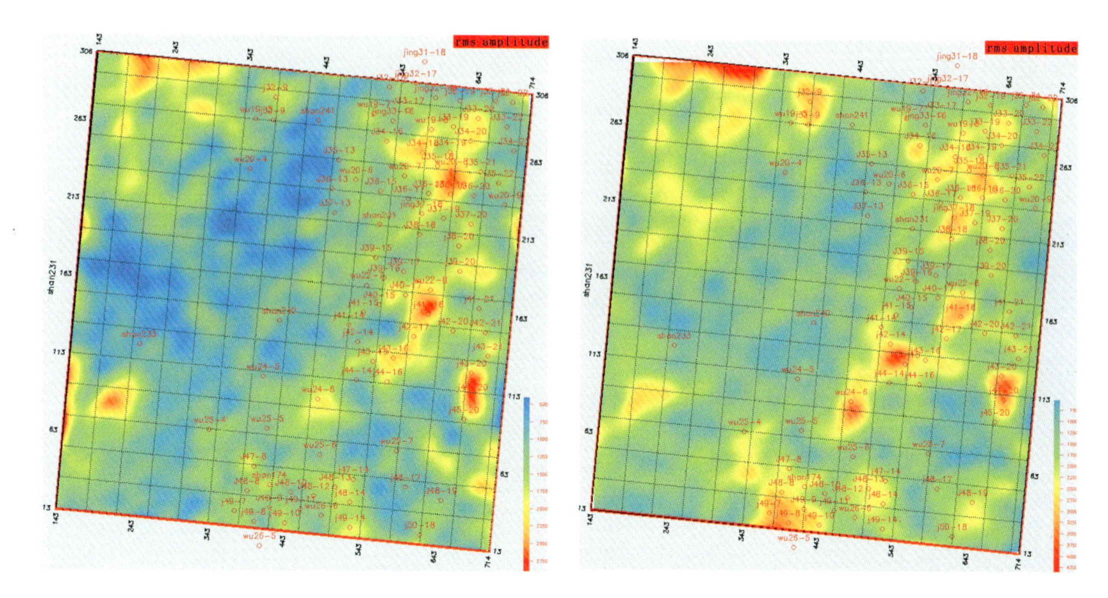

图 5 - 9　盒 8 段振幅属性分布图(左:盒 8 段上亚段,右:盒 8 段下亚段)

弧线长度地震属性与振幅属性有同样反映，异常高值可代表发育地层相对富砂(图 5 - 10)。

能量半衰时是描述能量衰减快慢的地震属性，其变化能指示流体含量、不整合或者与岩性变化有关的振幅异常，能够帮助识别油气。结合试气资料，可以看出能量半衰时异常低值区为有利储层发育区(图 5 - 11)。

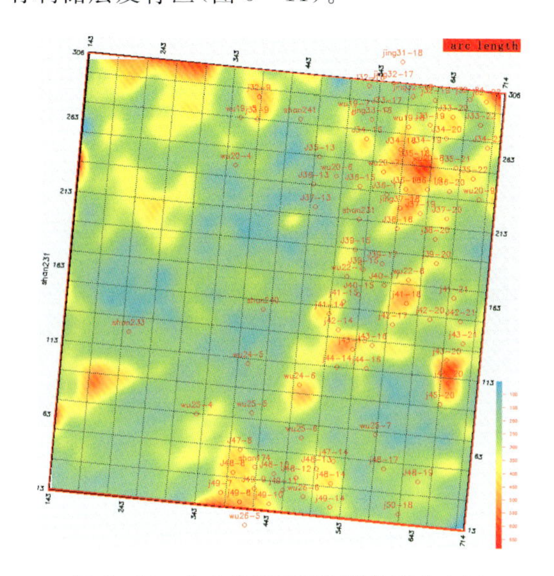

图 5 - 10　盒 8 段下亚段弧线长度分布图

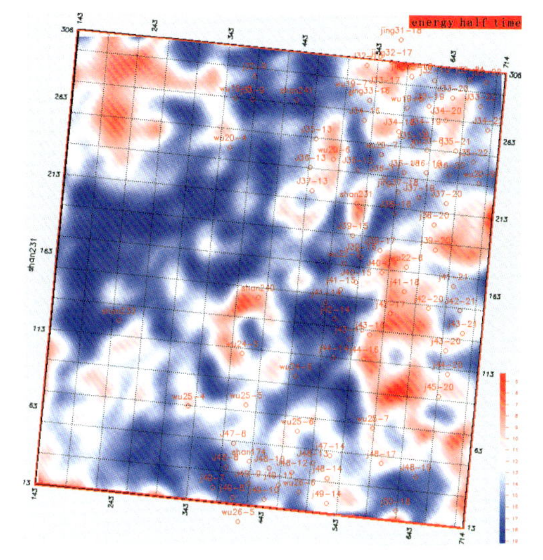

图 5 - 11　盒 8 段下亚段能量半衰时分布图

4. 频谱分解

如前所述，盒 8 段有利储层以三角洲平原河道砂体为主，厚度小，埋深较大，地震资料不能直接识别和预测砂体。应用频谱分解技术，使地震数据分频处理后分辨率高于常规地震主频所能达到的分辨能力。通过提取地震资料有效带宽范围内所有离散频率对应的调谐振幅，研究薄层展布，确定有效储层分布并计算储层厚度。图 5－12 为应用 Landmark 软件中的 Spec-Decomp 模块获取的盒 8 段下亚段地层的调谐能量平面图，图中不同频率的调谐能量的变化反映了该层段砂体厚度的平面变化规律。各频率对应的大致调谐厚度可根据公式 $\Delta h = v/4f1 = 4000/4f1$ 获得，分别为：40Hz——25m；50Hz——20m；60Hz——17m；70Hz——14m。

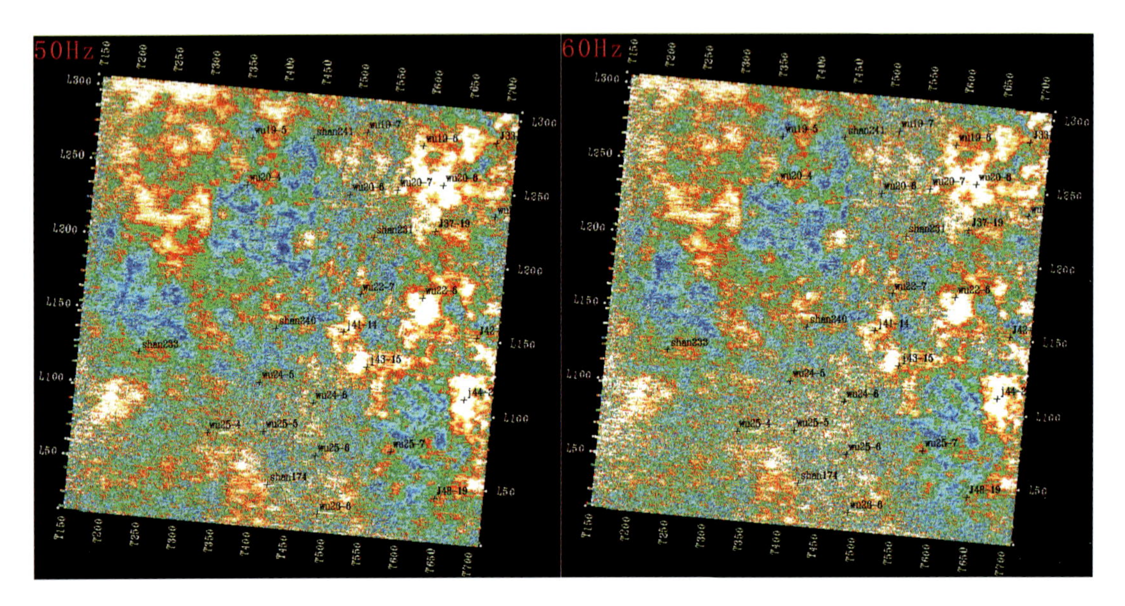

图 5－12　盒 8 段下亚段不同频率调谐能量平面图

5. 吸收衰减分析

开展吸收衰减分析时应保持地震频率成分和频谱形态。图 5－13 为盒 8 段下段吸收系数平面分布图，图中显示工区东部的近南北向条带、西北区域及西南角区域为高吸收区域。结合已有钻井情况，认为吸收系数异常高与有利储层有较好的对应关系。

6. 综合评价

综合沉积微相、地震相、地震叠后反演、地震属性，频谱分解等得出砂体展布特征。如图 5－14 所示，盒 8 段下段砂体近北北东-南西西向条带状分布，工区东部区域及西北角及西南角砂体发育，砂体的展布形态、分布范围和厚度变化趋势基本上受沉积相带的控制。

结合单井物性解释成果，综合地震属性及吸收衰减分析，将孔隙度值大于 8%的砂岩定义为有利储层，进一步可圈出有利储层分布(图 5－14)。

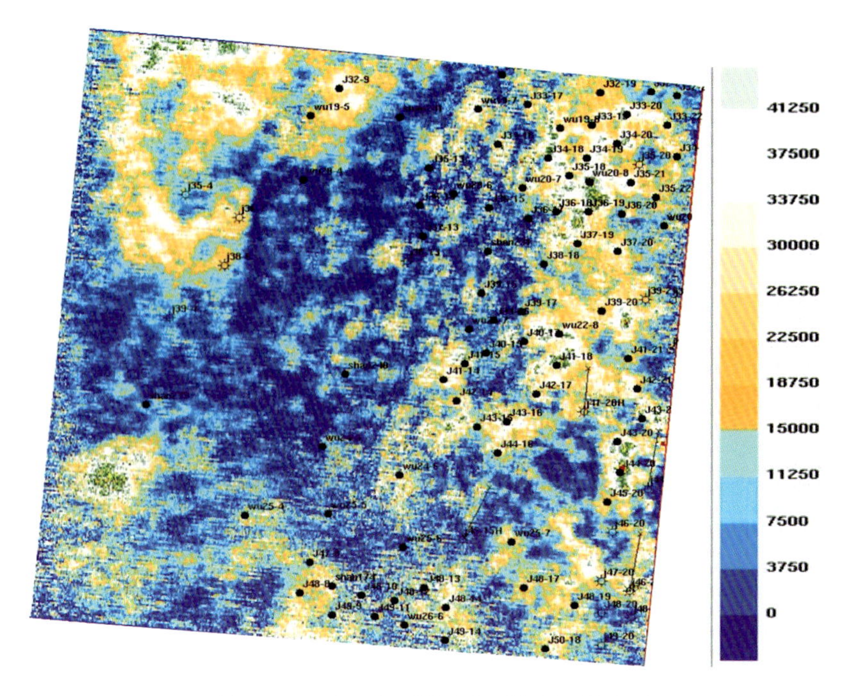

图 5-13　盒 8 段下段吸收系数平面分布图

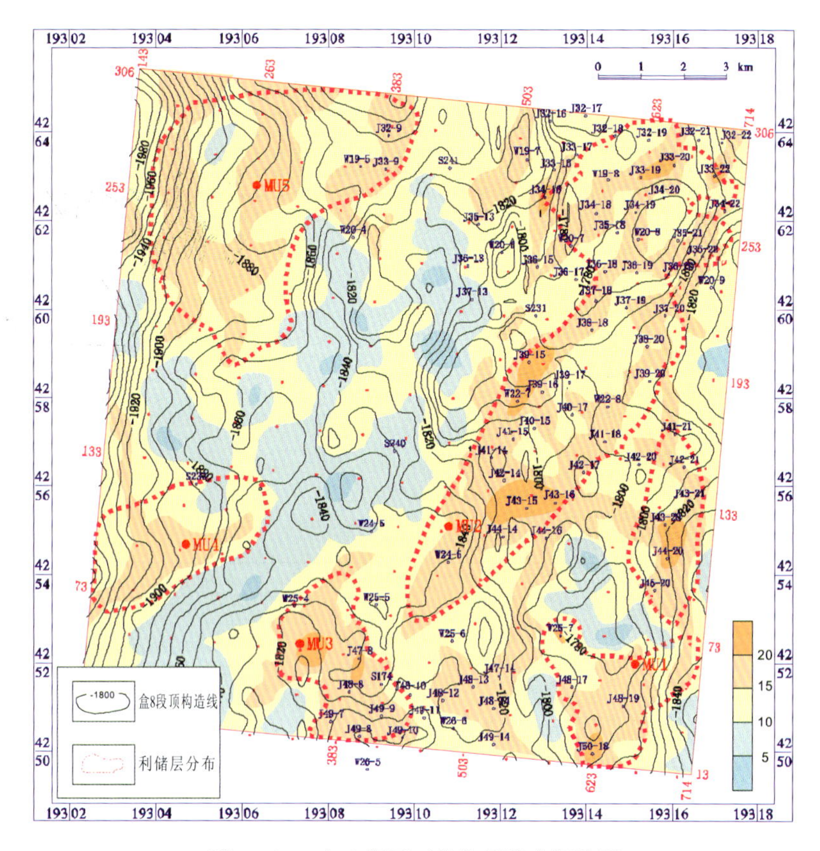

图 5-14　盒 8 段下亚段储层综合评价图

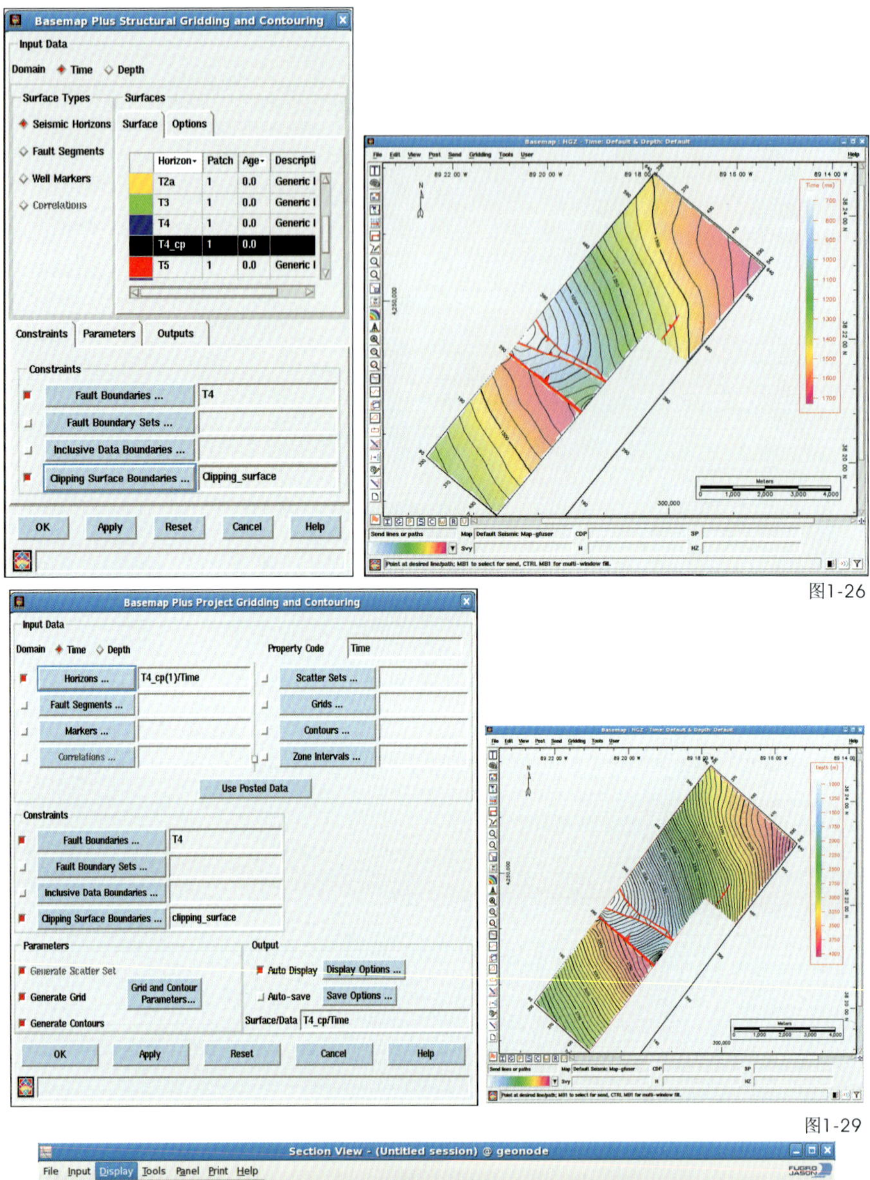

图1-26

图1-29

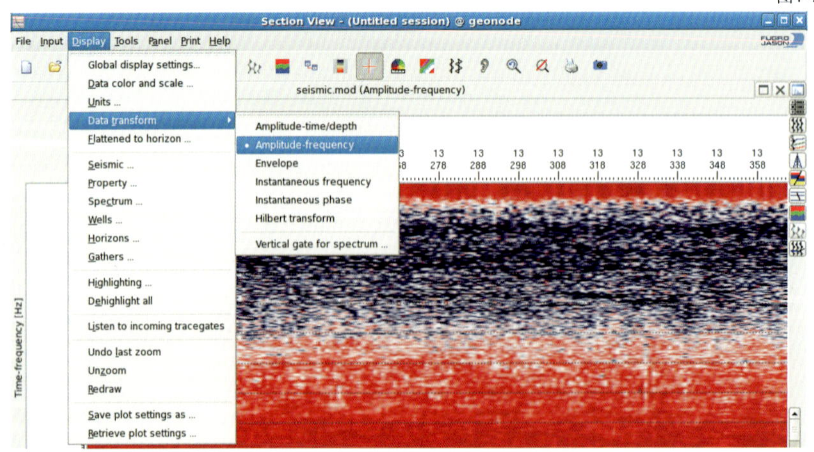

图3-11

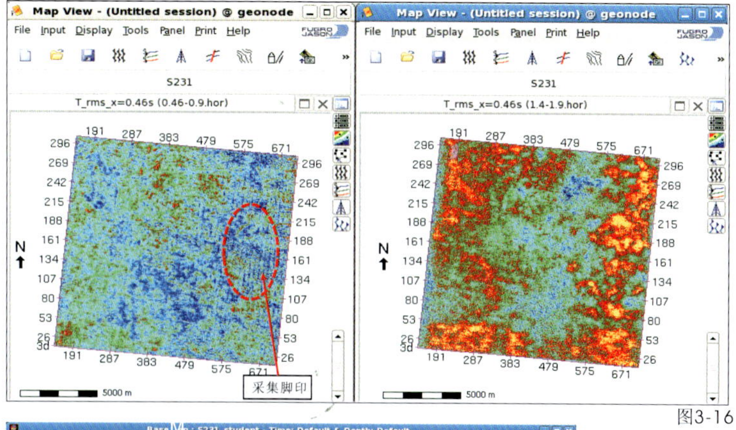

图3-16

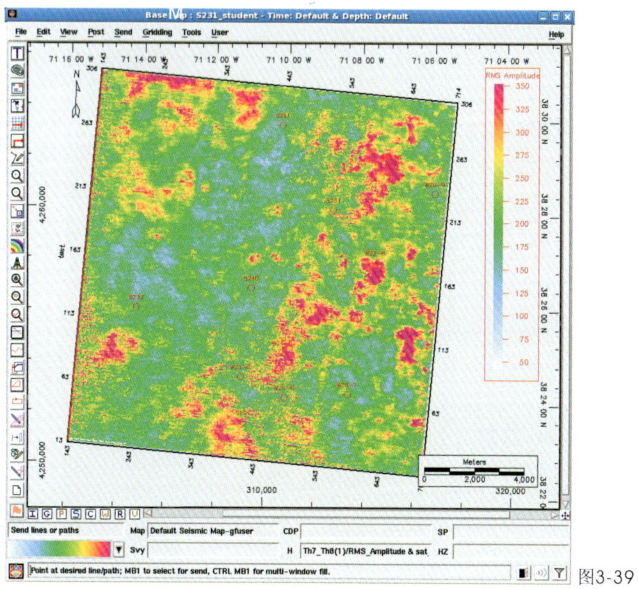

图3-39

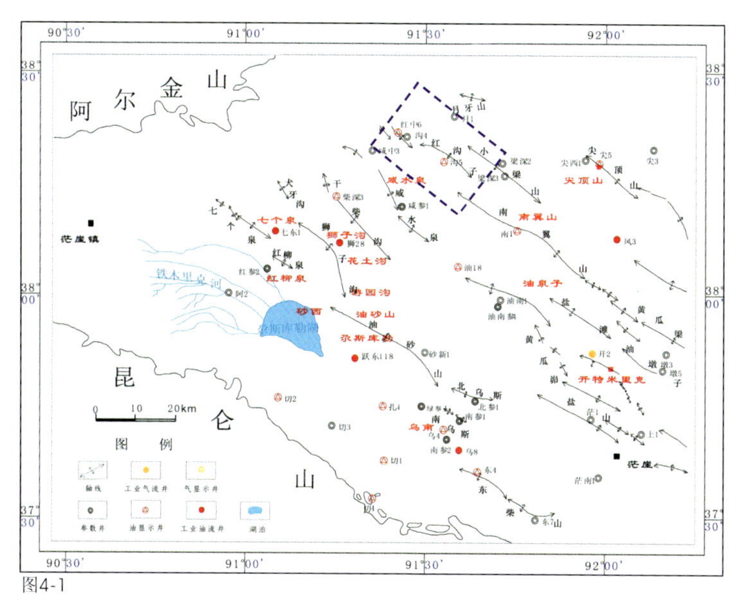

图4-1

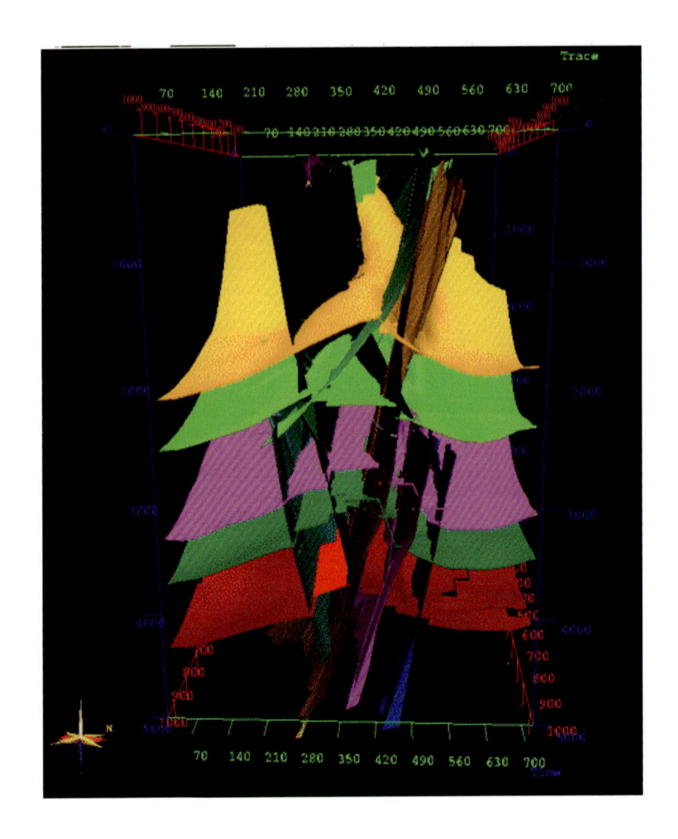
Trace
70 140 210 280 350 420 490 560 630 700
1000
2000
3000
4000
70 140 210 280 350 420 490 560 630 700

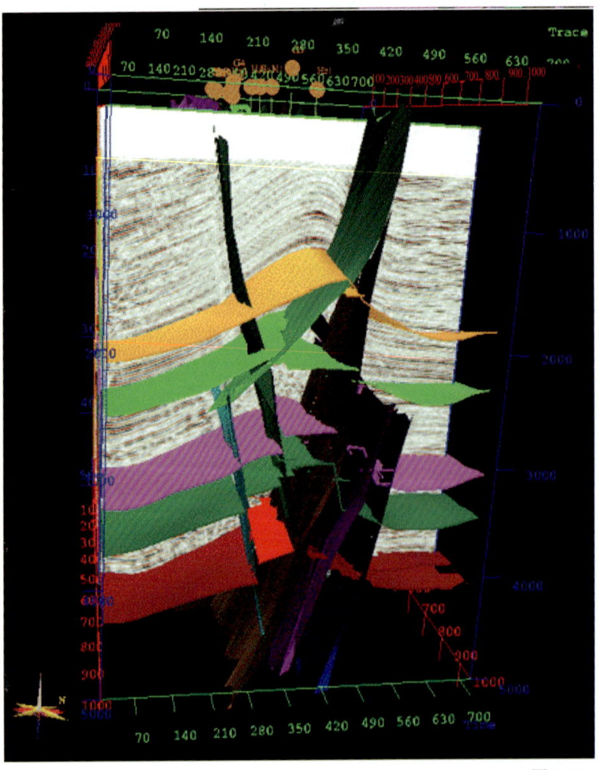
Trace
70 140 210 280 350 420 490 560 630 700
1000
2000
3000
4000
70 140 210 280 350 420 490 560 630 700

图4-10

附录 地震资料解释相关的工业制图标准

SY/T 5938 地震反射地质层位的标定

ICS 75.180.10
E 11
备案号:6976—2000

中华人民共和国石油天然气行业标准

SY/T 5938—2000

地震反射层地质层位标定

2000－03－31 发布 2000－10－01 实施

国家石油和化学工业局 发布

前　言

本标准是在 SY/T 5938—94《地震反射地质层位标定》的基础上修订而成的。

此次修订主要强调了制作合成记录必须做环境校正，同时删除了原标准中对地震反射层地质层位标定的质量要求，并将资料及要求合并为一章内容。

本标准从生效之日起，同时代替 SY/T 5938—94。

本标准由中国石油天然气集团公司提出。

本标准由石油物探专业标准化委员会归口。

本标准起草单位：中国石油天然气集团公司石油地球物理勘探局勘探事业部。

本标准起草人：曹永忠。

本标准于 1994 年 8 月首次发布，此次为第 1 次修订。

中华人民共和国石油天然气行业标准

SY/T 5938—2000

地震反射层地质层位标定

代替 SY/T 5938—94

1　范围

本标准规定了地震反射层地质层位标定的技术要求。

本标准适用于井旁地震剖面地震反射层地质层位的标定。

2　可供使用资料及要求

2.1　地震剖面。用于标定的地震剖面应为信噪比较高的井旁时间偏移剖面，并应经过相位校正，使子波相位尽量接近零相位。掌握资料采集的极性及采集系统的延迟时，掌握地震剖面的极性、处理流程、处理参数及显示方法等。

2.2　平均速度、层速度及相关资料。速度资料应符合地质规律。

2.3　地表或海底高程、基准面、低降速带表层调查数据及相关资料。

2.4　钻井及测井资料：

——钻井地质综合柱状图及地质分层数据。

——综合测井曲线。

——完井报告。

——地震测井成果。

2.5　垂直地震剖面(VSP)资料：

——速度资料(深度-时间、深度-平均速度、深度-层速度)。

——下行波剖面。

——上行波(时移校正)正、负极性剖面。

——走廊叠加正、负极性剖面。

VSP 资料与标定的地震剖面使用的震源及仪器不一致时，应考虑收集震源和仪器对子波频率和相位的影响所引起两种剖面的时差资料。

工区内有 VSP 成果时，以 VSP 资料标定为主。

3　地震反射层地质层位标定的方法和步骤

3.1　测井曲线环境校正。

充分了解工区内各地层岩性情况、层速度情况，结合井径曲线、钻时曲线，仔细查对各测井曲线有无异常，对各测井曲线进行环境校正。

3.2　利用合成地震记录对地震反射层地质层位进行标定。

3.2.1　提取地震子波，地震子波的频谱特征应与标定的地震剖面的频谱特征基本一致。

3.2.2　主要使用声波、密度测井资料制作正极性、负极性、不同滤波参数的合成地震记录；声波、密度测井资料质量不好时，可使用电阻率曲线或其他测井曲线制作合成地震记录。

3.2.3　合成地震记录的极性应与地震剖面的极性相一致。

3.2.4　合成地震记录与地震剖面的时间零线不一致时，应根据低降速带表层调查数据和平均速度资料进行校正。

3.2.5　利用合成地震记录首先对地震剖面上全区有代表性的标准反射层进行标定，然后对其他反射层依次标定。

3.3　利用零井源距 VSP 资料对地震反射层地质层位进行标定。

3.3.1　对 VSP 资料进行低降速带表层校正、基准面校正、高程校正等，并应考虑采集仪器系统时差校正。

3.3.2　来自地下同一反射界面 VSP 剖面上的上行反射波与地震剖面上反射波极性一致、波形相似。

3.3.3　VSP 资料桥式连接方法：

——通过 VSP 直达波与上行波交点将钻井地质分层与地震反射层相连接。

——利用 VSP 资料对地震反射层标定的显示方式主要由岩性柱状图、测井曲线、直达波剖面、上行波层拉平剖面、走廊叠加剖面、地震剖面等资料组成。

3.4　综合标定。

使用合成地震记录、岩性柱状图、测井曲线、VSP 资料等对地震反射层地质层位进行综合标定。

SY/T 5933 地震反射层层位名称

ICS 75.180.10
E 11
备案号:6854—2000

中华人民共和国石油天然气行业标准

SY/T 5933—2000

地震反射层地震地质层位代号确定原则

2000－03－10 发布　　　　2000－10－01 实施

国家石油和化学工业局　　发布

前　言

本标准是对 SY/T 5933—94《地震反射层层位名代号》的修订。

此次修订将标准名改为《地震反射层地震地质层位代号确定原则》，强调相对于系、统、组及组内层段地震反射层地震地质层位名的代号确定原则，增加了附录 A“系、统及其地层代号”和附录 B“地震反射层地震地质层位代号图识”。

本标准从生效之日起，同时代替 SY/T 5933—94。

本标准的附录 A 和附录 B 都是标准的附录。

本标准由中国石油天然气集团公司提出。

本标准由石油物探专业标准化委员会归口。

本标准起草单位：石油地球物理勘探局勘探事业部。

本标准起草人：黄忠范。

本标准于 1994 年 8 月首次发布。

中华人民共和国石油天然气行业标准

SY/T 5933—2000

地震反射层地震地质层位代号确定原则

代替 SY/T 5933—94

1　范围

本标准规定了地震反射层地震地质层位的代号确定原则。

本标准适用于地震反射层地震地质层位的代号确定。

2　地震反射层代号的界定

系、统(群)、组的地震反射层统一规定为相应地震地质层段的底界反射层,组内目的层(包括油层)的地震反射层规定为相应地震地质层段的顶界反射层。

3　地震反射层代号确定规则

3.1　系的地震反射层代号在 T 的右下角加相应系的地层代号,系、统及其地层代号见附录 A(标准的附录)。

例:侏罗系底界反射层代号为 T_J。

3.2　统(群)的地震反射层代号在 T 的右下角加统(群)的地层代号。

例:中侏罗统底界反射层代号为 T_{J2}。

3.3　组的地震反射层代号一般在所属统(群)反射层代号的右上角加组名汉语拼音的第一个字母(小写)。

例:中侏罗统三间房组底界反射层代号为 T_{J2}^{s}。

3.4　组内(包括油层)反射层代号在所属组反射层名称上角标之后加阿拉伯数字表示。

例:中侏罗统三间房组二油组顶界反射层代号为 T_{J2s}^{s2}。

3.5　盆地基底面反射层,如没有特别的约定,其代号为 T_g。

4　地震反射层地震地质层位代号图识 T_{ab}^{cd} 的说明

地层反射层地震地质层位代号图识 T_{ab}^{cd} 的说明见附录 B(标准的附录)。

附录A　系、统及其地层代号(标准的附录)

系		统
第四系Q		
第三系R	新近系N	上新统 N_2
		中新统 N_1
	古近系E	渐新统 E_3
		始新统 E_2
		古新统 E_1
白垩系K		上白垩统 K_2
		下白垩统 K_1
侏罗系J		上侏罗统 J_3
		中侏罗统 J_2
		下侏罗统 J_1
三叠系T		上三叠统 T_3
		中三叠统 T_2
		下三叠统 T_1
二叠系P		上二叠统 P_2
		下二叠统 P_1
石炭系C		上石炭统 C_3
		中石炭统 C_2
		下石炭统 C_1
泥盆系D		上泥盆统 D_3
		中泥盆统 D_2
		下泥盆统 D_1
志留系S		上志留统 S_3
		中志留统 S_2
		下志留统 S_1
奥陶系O		上奥陶统 O_3
		中奥陶统 O_2
		下奥陶统 O_1
寒武系$\in$		上寒武统 $\in_3$
		中寒武统 $\in_2$
		下寒武统 $\in_1$
震旦系Z		上震旦统 Z_2
		下震旦统 Z_1

附录 B　地震反射层地震地质层位代号图识(标准的附录)

地震反射层地震地质层位代号图识如下：

$$T_{ab}^{cd}$$

B1　a 的位置放置所示系的地层代号。

B2　b 的位置放置所示统的地层代号。

B3　c 的位置放置所示组的代号，用组名汉语拼音的第一个字母(小写)表示。

B4　d 的位置放置所示段或油层(组)的代号，用相应的阿拉伯数字表示。

SY/T 5933 地震反射层层位名称

ICS 75.180.10
E 11
备案号:24316—2008

中华人民共和国石油天然气行业标准

SY/T 5331—2008

石油地震勘探解释图件

2008-06-16 发布 2008-12-01 实施

国家发展和改革委员会 发布

前　言

本标准代替 SY/T 5331—2000《石油地震勘探解释图件》。

本标准与 SY/T 5331—2000 相比，主要变化如下：

——对地震勘探解释成果图件名称做了规定，如“非构造圈闭综合图”和“井位设计综合图”。

——对成果图件内容和有关技术要求进行了修改和补充，将某些图件比例尺的“必要时放大”改为“必要时调整”；“已钻井”改为“主要探井”或“重要探井”等。

——合并了相关条文(2000 年版的 4.7、4.8、4.9)。

——删除了一些条文(2000 年版的 4.5、4.6.4、4.6.5 等)。

本标准的附录 A 为资料性附录。

本标准由石油物探专业标准化委员会提出并归口。

本标准起草单位：中国石油集团东方地球物理勘探有限责任公司研究院。

本标准主要起草人：李明杰、王绍玉。

本标准所代替标准的历次版本发布情况为：

——SY/T 5331—1994，SY/T 5331—2000。

石油地震勘探解释图件

1 范围

本标准规定了石油地震勘探解释图件的内容和相关技术要求。

本标准适用于石油地震勘探地震地质解释的基础和成果图件。

2 规范性引用文件

下列文件中的条款通过本标准的引用而成为本标准的条款。凡是标注日期的引用文件，其随后所有的修改单(不包括勘误的内容)或修订版均不适用于本标准，然而，鼓励根据本标准达成协议的各方研究是否可使用这些文件的最新版本。凡是不标注日期的引用文件，其最新版本适用于本标准。

SY/T 5615 石油天然气地质编图规范及图式

SY/T 5933 地震反射层地震地质层位代号确定原则

SY/T 5978 含油气盆地构造单元划分

3 一般要求

3.1 格式、方位、比例尺。

3.1.1 根据研究区域的轮廓及图框内充满程度，图框形状应采用长方形或正方形，必要时加注投影方式及选用的坐标系。

3.1.2 图件方位规定为上北、下南、左西、右东。如因图面所限采用其他方位时，应注明正北方位。在图边注记经纬度或直角坐标网。

3.1.3 制图比例尺应和有关技术标准及国家有关部门规定的比例尺一致。采用直线比例尺，其摆放位置可据图名位置确定。如图名在图件上方图框外中间位置，则直线比例尺应放在图件下方的图框外；如图名在图框内，则直线比例尺应放在图名的下方。在责任表中应注明数字比例尺。

3.1.4 各类图件的图例、说明和责任表应编制在图框内右下角或左下角。

3.1.5 责任表格式见表1。一张图有两幅以上时，每幅图右下角应标有图签，图签格式见表2。

表1 责任表格式 (单位标志)

(单位名称)			
(图　名)			
拟编		顺序号	
审核		图号	
绘制		比例尺	
技术负责人		日期	
单位负责人		资料来源	

表 2　图签格式

（图名）			
图号		顺序号	

3.2　地名、地物。

按图件比例尺、内容，需要注记地名和地物。地物包括主要的铁路、公路、河流、湖泊、海洋和大型工程建筑等；地名包括省、市、县、乡（镇）、村等。

3.3　图式、图例。

图式、图例的内容和格式按 SY/T 5615 的规定执行。

4　地震勘探解释基础图件

4.1　二维地震测线位置图。

4.1.1　注明全部参数井、探井位置和井号及主要地名和地物。

4.1.2　标注方厘网、地震测线名称及测线起止点桩号。

4.1.3　地震测线上应有整桩号 1cm 分格。

4.2　三维地震勘探 CMP 网格图。

主要内容：CMP 号、探井（位置、井号）和线号。

4.3　三维地震勘探面元叠加次数图。

有适当抽稀的 CMP 号，用不同数字、符号或颜色（附色标）表示每个 CMP 的覆盖次数。

4.4　地震剖面。

4.4.1　水平叠加时间剖面。

4.4.1.1　比例尺：纵向为 1cm 代表 100ms；横向为 1∶25 000；必要时可调整。

4.4.1.2　剖面上方应有 CMP 号、桩号、叠加速度、相交测线号、主要探井井位、剖面方位。

4.4.1.3　有地形校正的剖面，应在剖面上显示地表高程，并标出本工区统一基准面的海拔高程、CMP 面校正量曲线和浮动基准面高程线（如有）。在水上作业时，应标出水深线。

4.4.1.4　主要的采集及处理参数应显示在剖面左侧或右侧。

4.4.1.5　在采集及处理参数下部标注地震测线位照示意图。

4.4.2　时间偏移剖面：内容按 4.5.1 的规定，应注明偏移方法及其相应参数。

4.4.3　深度偏移剖面：纵、横比例尺同为 1∶25 000，其他按 4.5.2 的规定。

4.5　地震属性剖面。

4.5.1　比例尺：纵向为 1cm 代表 100ms，；横向为 1∶25 000；必要时可调整。

4.5.2　剖面上方有与相应偏移剖面一致的 CMP 号、桩号、井位、交点号及剖面方位等。

4.5.3　对需要测井约束的属性，加注能反映储层特征的测井曲线。

4.5.4　色标。

4.6　地震反射层层位标定图。

4.6.1　纵向比例尺 1cm 代表 100ms；横向排列应紧凑、合理、清楚。

4.6.2　标定所需的相交地震测线、钻井及合成记录等。

4.6.3　主要地震层位和主要地质界面、大套岩层及特殊岩性段应标注清楚。

4.6.4　非过井地震剖面注明投影范围和距离。

5　地震勘探解释成果图件

5.1　地震反射层时间构造图。

5.1.1　图件名称为“××地区××地震反射层时间构造图”，应在括弧内注明“相当××界(系、统、组、段)顶(底)面”。

5.1.2　二维时间构造图包括解释使用的全部地震测线。

5.1.3　手工制图，t_0 数据应注记在测线桩号递增方向的右侧。数据可靠程度分两级，即可靠级和不可靠级(将不可靠级数据注在括弧内)。由逆断层引起 t_0 值重叠时，可注记在地震测线另一侧，或用不同颜色予以区别。注明断点位置，断层上盘、下盘的 t_0 值。

5.1.4　等值线间隔视作图比例尺而定。

5.1.5　标明钻达该层位的探井位置、井号，斜井标注地面和地下位置。

5.1.6　时间等深(值)线应用圆滑曲线勾绘。实线表示可靠级，虚线表示不可靠级，点画线表示辅助等深线。

5.2　地震反射层深度构造图。

5.2.1　图件名称为“××地区××地震反射层深度构造图”，应在括弧内注明“相当于××界(系、统、组、段)顶(底)面”。对区域角度不整合面图件，应在括弧内注明“相当××侵蚀面或基岩面”。

5.2.2　标明钻达该层位的探井位置(地面、地下)、井号、斜井轨迹和油气显示情况。

5.2.3　比例尺为 1∶25 000 和 1∶50 000 的深度构造图，要有解释使用的全部地震测线，等深距分别采用 25m 和 50m，并注明构造和主要断裂名称；比例尺为 1∶100 000 或 1∶200 000 的深度构造图，采用 100m 等深距，并标明主要构造名称、主要断裂名称及该层位缺失边界的分布和类型、同异常体的接触边界线等；地层倾角过缓及大比例尺(1∶5000、1∶10 000 等)深度构造图，其等深线应加密；地层倾角过陡及小比例尺(1∶500 000、1∶1 000 000 等)深度构造图，其等深线应抽稀。

5.2.4　断层(裂)上、下盘水平距在断层(裂)平面位置的允许误差范围内，可仅以上盘表示，断层(裂)的表示方法按 SY/T 5615 的规定执行。

5.2.5　图件说明中应注明相应作图方法、成图基准面海拔。

5.2.6　构造等深(值)线应用圆滑曲线勾绘。实线表示可靠级，虚线表示不可靠级，点画线表示辅助等深线。

5.3　地震反射层品质图。

5.3.1　图名采用“××地区××地震反射层品质图”。

5.3.2　解释使用的地震测线应齐全。

5.3.3　资料品质分两级或三级，且分区、分级表示并说明依据。

5.3.4　注明探井位置和井号。

5.4　地层等厚图。

5.4.1　图名采用“××地区××系(统、组、段)地层等厚图”。

5.4.2　以圆滑曲线勾绘地层厚度等值线和地层侵蚀或超覆尖灭线。

5.4.3　标注钻达研究层系的主要探井位置、井号。

5.4.4　等值线间隔视作图比例尺和地层厚度变化情况而定。

5.5 地层综合柱状剖面图。

5.5.1 图名采用“××构造(地区)地层综合柱状剖面图”。

5.5.2 图件的图头内容见表3。

表3 图头内容

地层					深度	厚度	自然电位曲线	自然伽马曲线	颜色	岩性剖面	视电阻率曲线	岩性简述	含油气层	生	储	盖	地震反射层代号	…	资料来源
界	系	统	组	段															

5.5.3 纵比例尺采用1∶10 000,必要时可进行调整。

5.5.4 岩性符号表示方法按SY/T 5615的规定执行,表明各套地层间的接触关系(整合、假整合、不整合)。

5.5.5 地震反射层层位名代号按SY/T 5933的规定执行。

5.6 地层柱状对比图。

5.6.1 图名采用“××地区地层柱状对比图”。

5.6.2 主要内容:岩性剖面、自然电位或自然伽马及视电阻率曲线等。

5.7 油气藏特征剖面图。

5.7.1 图名采用“××构造(地区)油气藏特征剖面图”。

5.7.2 反映油气藏类型及特征的地质剖面。

5.7.3 纵、横比例尺可适当选取。

5.7.4 剖面两侧应标注深度值;剖面上方应标注重要探井井位、主要地震测线交点及剖面方位等。

5.7.5 标明生、储、盖层岩性及油气层分布状态。

5.7.6 岩性及油气层符号表示方法按SY/T 5615的规定执行。

5.8 区域(盆地)构造单元划分图。

5.8.1 图名采用“××区域(盆地)构造单元划分图”。

5.8.2 根据工区面积和实际勘探程度确定比例尺。

5.8.3 以可明显区分的线条绘制盆地边界、坳陷/隆起、凹陷/凸起和主要断裂、地层缺失线及构造分区界线。

5.8.4 背景可用厚度图或反映基底起伏的等深线。

5.8.5 标注主要探井位置和井号、油气显示及油气田范围。

5.8.6 注明一、二级构造单元名称及相应数据表。

5.8.7 应有反映区域结构的典型地质剖面。

5.8.8 盆地构造单元命名按SY/T 5978的规定执行。

5.9 层序地层解释剖面图。

5.9.1 图名采用“××地区××测线层序地层解释剖面图”。

5.9.2 剖面两侧应标注刻度;剖面上方应标注重要探井井位、主要地震测线交点及剖面方位等。

5.9.3 纵、横比例尺可适当选取。

5.9.4 标注地质年代及分层界限;层序、体系域界线及相应代号。

5.10 地震相平面图。

5.10.1 图名采用“××地区××系(统、组、段……)地震相平面图”。

5.10.2 标注地震相的名称或代号。

5.10.3 标注控制研究层系的断层(裂)及超覆或侵蚀尖灭线。

5.10.4 以圆滑曲线勾绘地震相界线及异常体的边界。

5.10.5 标注钻达研究层系的主要探井位置、井号和油气显示情况。

5.10.6 可反映相结构的典型地震剖面,标明地震相。

5.11 沉积相(体系)平面图。

5.11.1 图名采用“××地区××系(统、组、段……)沉积相(体系)平面图”。

5.11.2 标注研究层系的沉积相区(体系)界线及名称。

5.11.3 标明研究层系的主要沉积相区(体系)主要探井的典型岩性资料。

5.11.4 标明周边物源方向。

5.11.5 应有重点区域的沉积相(体系)剖面。

5.11.6 标注钻达研究层系的主要探井位置、井号和油气显示情况。

5.12 地震属性平面图。

5.12.1 图名采用“××构造(地区)××地震反射层××平面图”格式。

5.12.2 用等值线或颜色表示地震属性值大小。用颜色表示时,应附有色标。

5.12.3 主要探井位置、井号及研究层段的油气显示。

5.13 地质、地球物理综合解释大剖面。

5.13.1 图名采用“××构造(地区)地质、地球物理综合解释大剖面”。

5.13.2 主要内容:地震剖面、重力、磁力、电法、地质剖面;剖面位置示意图、图例、责任表。

5.13.3 地震剖面。

5.13.3.1 剖面上方应标注重要探井井位、主要地震测线交点及剖面方位等。

5.13.3.2 横比例尺应用直线比例尺和数字比例表示,纵、横比例尺可适当压缩。

5.13.3.3 应有层位解释及标号,并注明解释层位与地质层位的关系。

5.13.3.4 注明构造单元、断裂名称。

5.13.3.5 通过岩层出露地区时,应注明露头时代、产状、厚度及概略岩性等。

5.13.4 重力、磁力、电法剖面。

5.13.4.1 横比例尺、两端起止点位置应与地震剖面对应。

5.13.4.2 根据重力、磁力、电法异常值在剖面上的变化大小,选择适当的纵比例尺,标在剖面左侧。

5.13.4.3 以不同线条的圆滑曲线勾绘重力、磁力、电法值的变化。

5.13.5 地质剖面。

5.13.5.1 横比例尺表示方法及起止点位置应与地震剖面和重力、磁力、电法剖面相同。

5.13.5.2 选择合适的纵比例尺。

5.13.5.3　标注地质年代、界限及接触关系、主要构造名称。

5.13.5.4　标注主要探井井位及主要沉积体在剖面上的分布。

5.14　构造演化剖面图。

5.14.1　图名采用“××地区××构造(××测线)构造演化剖面图”。

5.14.2　选择适当纵、横比例尺作深度剖面图。

5.14.3　在某一地层沉积前(后)的剖面上方应注明:“××(层)沉积前(或沉积后)”。

5.14.4　注明地层时代,在今剖面上标注主要构造、断裂名称、主要地震测线交点、地名、井位及钻达层位与剖面方位等。

5.14.5　在图下方应标注直线比例尺(横比例尺)。

5.15　古地质图。

5.15.1　图名采用“××地区前××系(统)地质图”,表示该区地下××系(统)前地层现今的分布状况;用“××地区××纪(世)前地质图”格式表示经过古构造恢复的某一特定时代的地质图。

5.15.2　标注断层(裂)分级和性质,标明地层产状、岩性、时代。

5.15.3　标注钻达成图层位的探井井号。

5.15.4　简化盆地周边露头资料。

5.15.5　附区域地质剖面若干条。

5.16　其他分析图件。

5.16.1　主要包括:砂岩百分含量平面分布图、泥岩百分含量平面分布图、含油气预测平面图、孔隙度平面分布图、渗透率平面分布图、含油饱和度平面分布图、砂组厚度图等。

5.16.2　具体要求。

5.16.2.1　根据内容和需求选取图名和比例尺。

5.16.2.2　注明数据来源。

5.16.2.3　标注钻达研究层系的主要探井位置、井号。

5.17　二级构造带综合成果图。

5.17.1　图名采用“××地区××构造带综合成果图”。

5.17.2　主体图比例尺不小于1∶100 000,以直线比例尺标在图名下方,图边应有直角坐标网或经纬度。

5.17.3　反映主要目的层的详细构造形态,其等深线距依二级构造带范围及作图比例尺而定。

5.17.4　标注构造名称和主要地名。

5.17.5　标注主要探井位置、井号及油气显示。

5.17.6　标明油气田范围。

5.17.7　油气藏特征剖面及剖面位置。

5.17.8　地层柱状剖面。

5.17.9　局部构造数据表、油气显示和资源预测数据表。

5.18　非构造圈闭综合图。

5.18.1　图名采用“××地区××圈闭综合图”。

5.18.2　主要内容:非构造圈闭深度构造图、反映圈闭特征的相交地震剖面、典型非构造圈闭地质剖面等。

5.18.3　非构造圈闭深度构造图应标明圈闭附近的主要地名、过圈闭的主要地震测线和测线号以及圈闭名称、圈闭性质、圈闭要素表，图边注记直角坐标网。

5.18.4　反映圈闭特征的相交地震剖面，要求按5.13.3的规定执行。

5.18.5　附典型非构造圈闭地质剖面，反映生油(气)层、盖层、储层和遮挡层的条件。

5.19　综合评价图。

5.19.1　图名采用"××地区地震勘探综合评价图"。

5.19.2　以反映主要勘探目的层系的构造等深线为背景，突出一、二级构造单元的形态和范围。

5.19.3　标明主要生油岩的厚度及成熟生油岩范围。

5.19.4　标明各类砂体的展布和范围，主要储层的相区划分及其厚度。

5.19.5　注明油气田范围及油气显示。

5.19.6　标明凹陷和二级构造带的评价等级。

5.19.7　标明有利圈闭、设计井位。

5.19.8　各构造单元名称、综合评价表(包括构造要素、生储盖有关参数、钻探情况、资源量估算、评价级别等)。

5.19.9　主要油气藏类型特征剖面。

5.19.10　重要的地震属性成果。

5.19.11　简化的地层柱状剖面。

5.20　井位设计综合图。

5.20.1　图名采用"××地区××井井位设计综合图"。

5.20.2　主要内容：目的层局部圈闭深度构造图、地震剖面、油气藏预测剖面及其相应地质层位和深度等。

5.20.3　目的层局部圈闭深度构造图应标明圈闭附近的主要地名、经过设计井位的相交地震测线和测线号及圈闭名称、圈闭要素表，图边应注记直角坐标网。

5.20.4　过井相交地震剖面应能清楚地反映局部圈闭形态特征，标注地质层位和设计井位置，并画一粗线表示设计钻穿地层的井深线。

5.20.5　附油气藏预测剖面，标出纵、横向比例尺。

5.20.6　列表标明各地震反射层的 t_0 值及其相应地质层位和深度。

5.20.7　关键性探井还应有预测目的层系岩性剖面，有条件时附地层压力预测曲线。

5.20.8　附井位设计综合表。井位设计综合表的格式参见附录A。

5.20.9　附过井波阻抗剖面。

附录 A　井位设计综合表的格式(资料性附录)

井位设计综合表的格式见表 A.1。

表 A.1　××井井位设计综合表

<table>
<tr><td colspan="2">地理位置</td><td colspan="6"></td></tr>
<tr><td colspan="2">构造位置</td><td colspan="6"></td></tr>
<tr><td colspan="2">过井测线</td><td colspan="6"></td></tr>
<tr><td colspan="2" rowspan="2">圈闭要素</td><td>圈闭面积</td><td colspan="2"></td><td colspan="2">顶部埋深</td><td></td></tr>
<tr><td>闭合幅度</td><td colspan="2"></td><td colspan="2">圈闭层位</td><td></td></tr>
<tr><td colspan="2">设计井名</td><td colspan="2"></td><td colspan="2">设计井别</td><td colspan="2"></td></tr>
<tr><td colspan="2">目的层</td><td colspan="2"></td><td colspan="2">设计井深</td><td colspan="2"></td></tr>
<tr><td colspan="2">设计坐标</td><td colspan="2">X：</td><td colspan="4">Y：</td></tr>
<tr><td colspan="2">地震分层</td><td colspan="6"></td></tr>
<tr><td colspan="2">钻探目的</td><td colspan="6"></td></tr>
<tr><td colspan="2">井位允许移动范围</td><td colspan="6"></td></tr>
<tr><td colspan="2">井位提出单位</td><td colspan="2"></td><td colspan="2">井位提出人</td><td colspan="2"></td></tr>
<tr><td rowspan="2">井位讨论</td><td>地点</td><td colspan="2"></td><td colspan="2">日期</td><td colspan="2"></td></tr>
<tr><td>人员</td><td colspan="6"></td></tr>
<tr><td colspan="2">坐标读数人</td><td colspan="2"></td><td colspan="2">坐标复核人</td><td colspan="2"></td></tr>
<tr><td colspan="2">填表人</td><td colspan="2"></td><td colspan="2">井位审核人</td><td colspan="2"></td></tr>
<tr><td colspan="2">技术负责人</td><td colspan="2"></td><td colspan="2">井位审批人</td><td colspan="2"></td></tr>
<tr><td colspan="2">备注</td><td colspan="6"></td></tr>
</table>

SY/T 5933 地震反射层层位名称

ICS 75.180.10
E 11
备案号:6975—2000

中华人民共和国石油天然气行业标准

SY/T 5934—2000

地震勘探构造成果钻井符合性检验

2000－03－31 发布　　　　　　　　　　**2000－10－01 实施**

国家石油和化学工业局　　发布

前　言

本标准是对 SY/T 5934—94《地震勘探构造成果钻井符合性检验》进行修订而成。本次修订主要包括以下内容：

——对原标准中的 3.2.2“构造形态检验”进行了修改。

——断层平面位置所允许误差计算公式中，对系数 0.3 加以修改和说明。

——去掉原附录 A，内容全部在正文出现。

本标准从生效之日起，同时代替 SY/T 5934—94。

本标准的附录 A 是提示的附录。

本标准由中国石油天然气集团公司提出。

本标准由石油物探专业标准化委员会归口。

本标准起草单位：四川石油管理局地质调查处。

本标准起草人：曾维君、吕剑锋。

本标准于 1994 年 8 月首次发布，本次为第 1 次修订。

中华人民共和国石油天然气行业标准

SY/T 5934—2000

地震勘探构造成果钻井符合性检验

代替 SY/T 5934—94

---

1 范围

本标准规定了利用钻井资料检验地震勘探构造成果符合性的项目及要求。

本标准适用于地震勘探构造成果的钻井符合性检验。

2 检验项目

深度检验、构造形态检验、断层检验、单井检验、钻井综合检验。

3 检验对象及指标

3.1 检验对象。

地震勘探所有的构造成果(无地震反射和解释换算的界面除外)。

3.2 检验指标。

3.2.1 深度检验。深度相对误差计算公式:

$$k=\frac{h_0-h}{h_0}\times 100 \qquad (1)$$

式中:k——深度相对误差,%;

h_0——经井斜校正后的实钻深度,m;

h——地震深度(钻井补芯而至反射界面间的距离),m。

3.2.1.1 对于没有地震测井和全井段声波测井的普查地震勘探构造解释成果,要求在山区其深度误差不能大于5%,在平原及其他地区深度误差不能大于4%。

3.2.1.2 有地震测井或全井段声波测井资料的详查地震勘探构造解释成果,要求在山区深度误差不能大于4.5%,平原及其他地区深度误差不能大于3%。

3.2.1.3 有地震测井或全井段声波测井资料的精查或三维地震勘探构造解释成果,要求在山区深度误差不能大于3%,平原及其他地区深度误差不能大于2%。

3.2.2 构造形态检验。

地震勘探构造形态的相对高低关系与钻井一致或当地震深度与钻井深度差(平均)值小于1/2等值线距时为符合。

3.2.3 断层检验。

3.2.3.1 对于普查和详查地震勘探,反射作图层大于1个相位落差的断层,经钻井证实者为符合。

3.2.3.2 对于精查和三维地震勘探,反射作图层大于1/2个相位落差的断层,经钻井证实者为符合。

3.2.3.3 地震构造图和剖面上的断层断点与钻井后的断层断点的平面位置的差值不大于按式(2)算得的 d 值为符合,反之为不符合。

断层平面位置所允许的误差计算公式:

$$d=0.3\times\frac{h_1\lambda}{2} \quad (2)$$

式中：d——断层平面位置误差值，m；

h_1——地震反射界面深度，m；

λ——波长，m。

注：地震反射界面深度 $h_1<2000$m 时，系数采用 0.3；反射界面深度 $h_1\geqslant 2000$m 时，计算误差系数采用 0.2。

3.2.4　单井检验。

3.2.4.1　钻探主要目的层界面全部符合，所有地震反射作图层界面深度与钻井深度符合率达到 70%，则为单井深度符合，反之则为不符合。

3.2.4.2　钻探主要目的层界面全部符合，所有地震反射作图层界面的断层与钻井的断层符合率达到 70%，则为单井断层检验符合。

3.2.5　钻井综合检验。

钻井符合应满足以下条件：按式(3)计算地震反射层深度、构造形态、断层，三项检验内容符合数据不低于总数的 70%者为符合。检验数据登记表格式见附录 A(提示的附录)。

计算公式：

$$\eta=\frac{a_0+b_0+c_0}{a+b+c}\times 100 \quad (3)$$

式中：η——检验井综合检验符合率，%；

a_0——检验井各反射层深度检验符合层点总数；

a——检验井各反射层深度检验层点总数；

b_0——检验井各反射层构造形态检验符合层点总数；

b——检验井各反射层构造形态检验层点总数；

c_0——检验井各反射层断层检验符合层点总数；

c——检验井各反射层断层检验层点总数。

凡钻探主要目的层的构造形态不符合或深度不符合者列为不符合。

附录 A　地震勘探构造成果钻井符合性检验登记表格式（提示的附录）

表 A.1　地震勘探构造成果钻井符合性检验登记表（格式）

构造名称及部位			井号		钻井时间		
井口坐标		X：	Y：	井别			补芯海拔(m)
序号	地震作图层位	深度检验				断层检验	
		地震深度（m）	钻井深度（m）	差值（m）	相对误差（%）	有无	平面位置
检验人			检验日期				

注：

1.“钻井深度”是指经井斜校正后的垂直深度。

2.“断层有无”栏，符合者用“√”表示，不符合者用“×”表示。

3.“平面位置栏”，未超指标者用“√”表示，超指标者用“×”表示。

表 A.2 地震勘探构造成果钻井符合性检验统计表(格式)

构造名称及部位													
序号	完钻井号	深度检验层点			构造形态检验层点			断层检验层点			综合检验结果		备注
		符合	不符合	符合率(%)	符合	不符合	符合率(%)	符合	不符合	符合率(%)	η(%)	符合判定	
钻井口数		符合口数			符合率(%)				检验日期			检验人签字	

注：

1. 此表在表 A.1 基础上进行统计。
2. “符合判定”依据 3.2.5。

主要参考文献

杜世通,宋建国,孙夕平.地震储层解释技术[M].北京:石油工业出版社,2010.

陆基孟,王永刚.地震勘探原理(第 2 版)[M].东营:石油大学出版社,2009.

孙家振,李兰斌.地震地质综合解释教程[M].武汉:中国地质大学出版社,2002.

王家映.地球物理反演理论(第 2 版)[M].北京:高等教育出版社,2002.

张延庆,李明杰,赵秀岐,等.SY/T 5481—2009 地震资料解释技术规程[S].国家能源局发布,2009.

赵政章,赵贤正,王英民,等.储层地震预测理论与实践[M].北京:科学出版社,2005.

邹才能,张颖,等,油气勘探开发使用地震新技术[M].北京:石油工业出版社,2002.